utb 5076

Eine Arbeitsgemeinschaft der Verlage

Böhlau Verlag · Wien · Köln · Weimar
Verlag Barbara Budrich · Opladen · Toronto
facultas · Wien
Wilhelm Fink · Paderborn
Narr Francke Attempto Verlag / expert Verlag · Tübingen
Haupt Verlag · Bern
Verlag Julius Klinkhardt · Bad Heilbrunn
Mohr Siebeck · Tübingen
Ernst Reinhardt Verlag · München
Ferdinand Schöningh · Paderborn
transcript Verlag · Bielefeld
Eugen Ulmer Verlag · Stuttgart
UVK Verlag · München
Vandenhoeck & Ruprecht · Göttingen
Waxmann · Münster · New York
wbv Publikation · Bielefeld

Julia F. Kost

Christof Seeger

Influencer Marketing

Grundlagen, Strategie
und Management

2., überarbeitete und erweiterte Auflage

UVK Verlag · München

Julia F. Kost ist Beraterin für Digitales Marketing bei der Mercedes-Benz Consulting GmbH und Dozentin für Online Marketing an der Hochschule der Medien Stuttgart im Studiengang Mediapublishing.

Prof. Christof Seeger ist Professor im Studiengang Mediapublishing und Studiendekan im Masterstudiengang Crossmedia Publishing & Management an der Hochschule der Medien in Stuttgart.

Online-Angebote oder elektronische Ausgaben sind erhältlich unter www.utb-shop.de.

Bibliografische Information der Deutschen Bibliothek
Die Deutsche Bibliothek verzeichnet diese Publikation in der Deutschen Nationalbibliografie; detaillierte bibliografische Daten sind im Internet über <http://dnb.ddb.de> abrufbar.

– ein Unternehmen der Narr Francke Attempto Verlag GmbH & Co. KG
Einbandgestaltung: Atelier Reichert, Stuttgart
Einbandmotiv: © Shutterstock Ico Maker
Druck und Bindung: CPI books GmbH, Leck

UVK Verlag
Nymphenburger Straße 48 · 80335 München
Tel. 089/452174-65
www.uvk.de

Narr Francke Attempto Verlag GmbH & Co. KG
Dischingerweg 5 · 72070 Tübingen
Tel. 07071/9797-0
www.narr.de

UTB-Nr 5076
ISBN 978-3-8252-5310-3

Vorwort zur 2. Auflage

Die Dynamik des Themenfelds und die sich ständig erweiternden Erkenntnisse haben wir genutzt, um unser Buch über alle Kapitel hinweg auf den neuesten Stand zu bringen und zu überarbeiten. Für eine bessere Lesbarkeit und Verständlichkeit wurden außerdem die Kapitel etwas umstrukturiert und dem Praxisteil noch mehr Platz eingeräumt. Das Buch soll weiterhin einen ersten wissenschaftlichen Einstieg bieten und theoretische Grundlagen und Zusammenhänge erklären. Darüber hinaus möchten wir Praktikern konkrete Empfehlungen geben.

Wertvollen Input von außen haben wir unter anderem als Interviews mit Experten aus der Praxis umgesetzt, die damit spannende Einblicke in ihre Erfahrung und ihr Wissen gegeben haben. Dafür möchten wir uns ausdrücklich bedanken.

In der 2. Auflage wurden darüber hinaus notwendige Korrekturen eingearbeitet und weitere Anregungen aufgegriffen, die uns über Rezensionen und persönliche Zuschriften erreicht haben. Wir bedanken uns an dieser Stelle herzlich für diesen Input und freuen uns auch weiterhin über einen Austausch und Anregungen. Wir freuen uns über jeden Kontakt. Dazu haben wir eigens eine Mailadresse eingerichtet:

influencer@uvk-muenchen.de

Stuttgart, Januar 2020

Julia Kost
Christof Seeger

Einleitung

„Traditional marketing just doesn't seem to work that well anymore.“ (Nyilasy 2010, S. 161). Was lange als pessimistische Vermutung ignoriert wurde, ist inzwischen als Tatsache in der Marketingbranche angekommen. Langsam, aber sicher setzt sich der von Experten verlangte Paradigmenwechsel durch: Die Entwicklung vom Unternehmen als isolierte Einheit hin zum Unternehmen als Teil vieler ‚Consumer Communities‘.

Dabei ist der Fokus auf den Kunden in unserer dynamischen, vernetzten Welt gar nicht so einfach, und zwar aus zwei Gründen: Erstens verändern sich die Bedürfnisse der Konsumenten ständig. Für Unternehmen bedeutet das: Sie müssen in Marktforschung und in ein kontinuierliches Monitoring des Nutzerverhaltens investieren. Zweitens sind Konsumenten mächtiger denn je: Sie haben vielfältige Möglichkeiten, Meinungen im Netz zu verbreiten – sei es über die eigenen Social-Media-Kanäle, über einen Blog oder einfach als Bewertung in einem Online-Shop. Das Onlineshopping ist tatsächlich eine der massivsten Veränderungen, die das Internet mit sich gebracht hat. Neun von zehn deutschen Internetnutzern kaufen inzwischen online ein. Und gerade beim Einkaufen im Netz haben Empfehlungen und Bewertungen einen besonders hohen Stellenwert.

Die Erkenntnis, dass Mund-zu-Mund-Propaganda die wirkungsstärkste Form der Werbung ist, ist nicht neu. Gull nennt das Empfehlungsmarketing einen alten wunderschönen Hut: „Diese Systematik ist so alt wie das Neandertal. ‚Hey, wo hast du diese geile Keule gekauft?‘ – ‚Beim Keulen-Karl natürlich, der hat die übelsten Teile, ich schwör, Bro!‘“ (Gull 2017). Warum also erfährt das Thema im Moment so viel Aufmerksamkeit? Weil die Rahmenbedingungen sich verändern:

[1] Angesichts der Informationsvielfalt, steigt die Bedeutung unserer unmittelbaren Peergroup und die von Fachexperten.

[2] Das Internet gewinnt bei der Meinungsbildung allgemein an Gewicht: Bei den 30 bis 49-Jährigen belegt das Internet inzwischen den ersten Platz (36 Prozent); bei 14- bis 29-Jährigen sind es sogar 54,5 Prozent – fast doppelt so hoch wie im Durchschnitt der Bevölkerung (siehe Abbildung 1).

[3] Mund-zu-Mund-Propaganda verlagert sich als digitaler User Generated Content zunehmend ins Social Web – in das größte Empfehlungsnetzwerk in der Geschichte des Marketings.

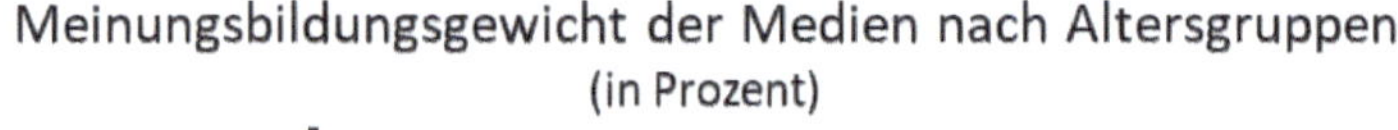

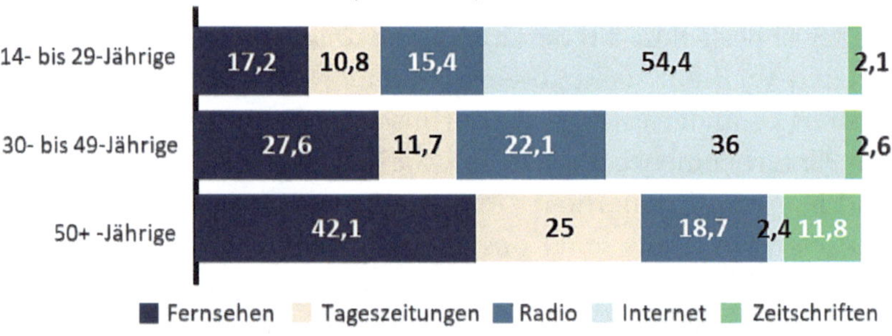

Abbildung 1: Meinungsbildungsgewicht von Medien. Quelle: Hiller 2019, S. 8

Aus diesem Grund stehen Unternehmen aktuell vor den Aufgaben, die Mechanismen von digitalen Gemeinschaften zu verstehen, Markenbotschafter für sich zu gewinnen, digitale Möglichkeiten für den Austausch zwischen Konsumenten (Word of Mouth) zu schaffen und die virale Entwicklung aktiv mitzugestalten. Die wenigsten Menschen sind dabei sogenannte ‚Alphas' oder Meinungsführer, sondern Nachahmer und Follower. Deshalb geben auch in Online-Gemeinschaften die ‚Influencer' mit ihrer Meinung den Ton an – was sie für gut oder schlecht befinden, beeinflusst die Meinung und das Kaufverhalten anderer Personen.

Vor diesem Hintergrund entstehen neue Marketingformate, die

- Botschaften nicht über eine Werbeunterbrechung, sondern im konsumierten Inhalt (Content) selbst vermitteln wollen (‚Pull statt Push');

- Möglichkeiten für Dialoge mit dem Kunden schaffen;
- den Umstand nutzen, dass immer mehr Konsumenten selbst Inhalte im Internet teilen.

Einen Namen für diese neuen Formate zu finden ist nicht immer leicht: Die Suche nach dem „Ei des Kolumbus der Marketingkommunikation in Zeiten von Social Media“ (Körner 2010, S. 22) führt zu einem regelmäßigen Aufblühen neuer Buzzwords für Kommunikationsformen, die regelrecht zum Hype werden (z.B. Content Marketing, Native Advertising, Buzz Marketing, Influencer Marketing). Was alle diese Marketingformen gemeinsam haben, ist ihre Ausrichtung auf die erhöhte Konnektivität und Interaktion zwischen den Verbrauchern im Social Web mit der Folge, dass alle Formen von Word of Mouth-Aktivitäten verstärkt in den Fokus des Marketings rücken. Ungenaue Definitionen und das wahllose Umherwerfen modern klingender Worthülsen wie ‚Viral‘, ‚Buzz‘ oder ‚Content‘ hat allerdings zu einer Vielzahl an Begriffen geführt, die oft synonym verwendet werden.

Besonders hartnäckig hält sich der letzte Hype: das Influencer Marketing. Bereits seit einigen Jahren ist die Zusammenarbeit mit den Stars aus den sozialen Medien nun beliebtes Branchenthema.

Inzwischen ist das Thema sogar in der Mitte der Gesellschaft angekommen – was einerseits für die Etablierung der Marketingdisziplin spricht, gleichzeitig aber auch eine Hürde darstellen kann (siehe Kapitel 6). Tageszeitungen berichten regelmäßig über Aspekte wie die Kennzeichnung von Influencer-Kooperationen als Werbung oder über virale Phänome wie den „CDU-Zerstörer“ Rezo, der mit einem YouTube-Video zur Europawahl hohe Wellen geschlagen hat (vgl. Koch 2019).

Inhalt

Die Relevanz von Influencer Marketing

In kürzester Zeit schaffte es das Influencer Marketing vom Nischenthema zum festen Platz im Marketingmix der Unternehmen, denn die Chance, „längst verloren geglaubte Zielgruppen wie Jugendliche oder Menschen, die kein Fernsehen mehr schauen“ (Wenzel 2017) zu erreichen, klingt verlockend. Es gibt durchaus Gründe dafür, dass die Kooperation mit Influencern gerade jetzt so einen Hype genießt:

> „For one thing, it simply couldn't have existed before now. Influencer marketing brings together age-old concepts but gives them a modern, social media twist, and then distributes them across platforms that change almost daily." (Sammis et al. 2016, S. 7)

Theoretisch hat jeder über Social Media inzwischen die Möglichkeit, ein Influencer zu werden – weshalb auch konstant neue Influencer auftauchen, mit denen Unternehmen arbeiten können und zwar auf allen Plattformen. Agenturen und Tools für Influencer Marketing sprießen aus dem Boden, die es vorher schlichtweg noch nicht gab.

Vor dem Hintergrund des Paradigmenwechsels im Marketing und der Werbemüdigkeit der Konsumenten ist es also nicht verwunderlich, dass das Empfehlungsmarketing unter anderem in der Form des Influencer Marketings schneller, mächtiger, effektiver und weitreichender geworden ist. Aber es birgt auch Gefahren, wenn man es nicht sinnvoll einsetzt: „It can be your biggest asset in today's marketing world, or it can be your biggest nightmare if you can't control it.“ (Mourdoukoutas und Siomkos 2010, S. 64)

Der Kontrollverlust ist für Unternehmen dabei in der Regel die größte Hürde. Personen in die Kommunikation einzubeziehen, die losgelöst von Unternehmen agieren, bringt eine gewisse Unberechenbarkeit ins Spiel – unabhängig davon, ob es sich um professionelle Influencer handelt oder um einen Durchschnittsverbraucher. Aber dieses Risiko muss zwingend eingegangen werden, wenn die Buzz-Effekte voll ausgeschöpft werden sollen. Goodall formulierte treffend: „Earned media has the highest potential reach, but it offers the least control.“ (Burcher 2012, S. 94) Gerade weil Empfehlungen und Word of Mouth ein essentieller und natürlicher Bestandteil der Informationssuche sind, können sie niemals vollständig kontrolliert werden.

Dass Influencer einflussreich sind – und außerhalb des Kontrollbereichs von Unternehmen liegen – zeigt **zum Beispiel der letzte Lego-Shitstorm**: Thomas Panke, besser bekannt als „Held der Steine“, führt in Frankfurt am Main einen Laden für Klemmbausteine und einen YouTube-Kanal mit inzwischen mehr als 250.000 Abonnenten. Dort beantwortet er passioniert und Fragen zu neuen und alten Sets: Wie viele Teile? Wie komplex? Was ist neu? Aber auch: Gibt es etwas zu kritisieren? Um unabhängig zu bleiben, nimmt er keine Gratis-Sendungen von Unternehmen an.

Im Januar 2019 erhielt Panke ein Anwaltsschreiben von Lego, das Verwechslungsgefahr vorwirft: Das Logo des YouTubers zeigt für Legobausteine typische Noppen, was der Firma schaden könnte.

In einem Video zitiert Panke aus dem Brief und zieht Konsequenzen: Er ändert sein Logo. Er wird zukünftig auch „Nicht-Lego“-Bausätze verkaufen. Und er wird diese auch auf seinem YouTube-Kanal vorstellen. Innerhalb kürzester Zeit hat das Video Rang 14 in den YouTube-Trends erreicht, mehr als 1,3 Millionen Aufrufe und fast 10.000 Kommentare, die zeigen: Influencer haben Einfluss, ob Unternehmen sie nun bezahlen oder nicht (siehe Abbildung 2).

Link zum Video “Das Ende des LEGO®-Ladens – es wird großartig!“ https://www.youtube.com/watch?v=M_UrLZzwWJ4

Rov n vor 6 Monaten

Bin Heute durch unseren ehemaligen Toys R Us mit meinen Kindeen gelaufen und habe ind der Lego Technik Ecke was zum bastel für das Sauwetterwochenende gesucht. Und genau beim Griff zum Schauffelbagger kam mir das Video von Gestern Abend durch den Kopf geschossen.
Tja so schnell kann sich eine ehemals tolle Marke abschiessen. Mein Einkaufskorb blieb leer und der Umsatz geht an einer der tollen Firmen und Produkte die hier vorgestellt werden.

Wie legoistisch kann man bloss sein😂😂
Weniger anzeigen

17 ANTWORTEN

Abbildung 2: Beispiel-Reaktion auf das Lego-Video
Quelle: https://www.youtube.com/watch?v=M_UrLZzwWJ4

Die Relevanz von Influencer Marketing in Zahlen

Es lässt sich nicht leugnen, dass Influencer Marketing wirkt und Vorteile für die betreibenden Unternehmen mit sich bringt: In einer Umfrage unter 3.500 Internetnutzern von 2016 gab jeder zweite der 14- bis 19-Jährigen an, im letzten Jahr ein Produkt gekauft oder eine Dienstleistung in Anspruch genommen zu haben, weil ein Blogger, YouTuber oder eine sonstige prominente Person dafür geworben hatte. Von den 20- bis 29-Jährigen traf das auf ein Drittel der Befragten zu, unter den 30- bis 39-Jährigen immerhin noch auf jeden vierten (vgl. Institut für Management- und Wirtschaftsforschung 2016).

Eine aktuelle Befragung des Bundesverband Digitale Wirtschaft e.V. unter Social Media Nutzern zwischen 16 und 64 Jahren bestätigt diese Werte für den deutschen Markt: Mehr als jeder vierte Befragte hat mindestens einmal täglich Kontakt zu Influencern (vgl. Bundesverband Digitale Wirtschaft e.V. 2019, S. 3) und etwa jeder Fünfte war schon mal durch Influencer zur Auswahl einer Marke und/oder zum Kauf eines Produkts inspiriert (vgl. Bundesverband Digitale Wirtschaft e.V. 2019, S. 7 f.).

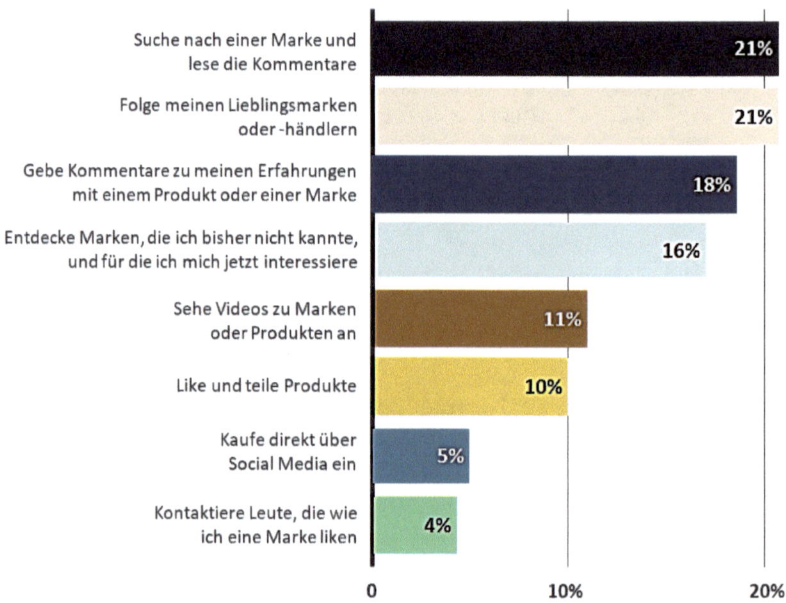

Abbildung 3: Nutzung von Social Media durch Online-Käufer.
Quelle: nach PricewaterhouseCoopers 2016

Laut einer Statistik der Wirtschaftsprüfungsgesellschaft PricewaterhouseCoopers GmbH folgen außerdem 21 Prozent der deutschen Online-Käufer ihren Lieblingsmarken oder -händlern über die sozialen Medien und immerhin 18 Prozent geben dort ebenfalls Kommentare zu ihren Erfahrungen mit einer Marke oder einem Produkt ab (siehe Abbildung 3). Dabei ist Influencer Marketing ein Instrument nicht nur für die großen Unternehmen, die sich die reichweitenstärksten Social Media-Stars mit Milllionenreichweite leisten können, sondern auch für kleinere Firmen jeder Größe (und Branche), die mit Mikro Influencern arbeiten können.

Dass der Markt stetig wächst, ist ebenfalls eine Tatsache: In den letzten zwei Jahren stieg das Suchvolumen nach ‚influencer marketing' allein bei Google von 3.900 auf 21.000 Suchanfragen im Monat und hat sich damit mehr als verfünffacht. 7,65 US-Dollar Earned Media Value werden im Schnitt pro investiertem US-Dollar generiert (in Form von Erwähnungen online in Posts, Likes, Kommentaren u.Ä.) (vgl. Ahmad 2017).

eMarketer schätzte den globalen Umsatz der Influencer Marketing-Branche allein für Instagram im Jahr 2016 auf 570 Millionen US-Dollar (vgl. Chen 2017). Ahmad (2017) geht sogar von 700 Millionen US-Dollar aus und prognostiziert einen Anstieg auf 1,2 Milliarden US-Dollar für 2017 und 1,7 Milliarden US-Dollar im Jahr 2018. Diese Prognose ist nicht ohne Grundlage: Zwei Drittel der Marketingentscheider wollen die Budgets für Influencer Marketing-Bemühungen im nächsten Jahr erhöhen (World Federation of Advertisers 2018). Die Marktforscher der Agenturgruppe JOM schätzen den deutschen Influencer Marketing-Markt 2019 auf eine halbe Milliarde Euro (vgl. Saal 2019).

Allerdings fangen die Unternehmen an, ihre Ansprüche und Standards bezüglich Transparenz, Reputation, Glaubwürdigkeit und Qualität bewusster zu definieren und bei der Auswahl ihrer Kooperationspartner zu berücksichtigen. Keith Weed, CMO von Unilever, verkündete beim Cannes Lions International Festival of Creativity beim Thema Influencer Marketing künftig genauer hinzuschauen (Unilever 2018). Diese Entwicklung zeigt, dass die anfängliche Phase des Experimentierens und der locker sitzenden Budgets zu Ende geht. In Zukunft wird häufiger die Frage gestellt werden: Was ist bei der Aktion tatsächlich herumgekommen?

Ernüchterung: Influencer Marketing ist kein Allheilmittel

Wenn die Mehrheit der Unternehmen anfängt, kritischer zu hinterfragen, ob ihre Investitionen sich rechnen, wird eine Phase der Ernüchterung einsetzen. Influencer Marketing ist nicht das Allheilmittel für die Werbekrise, das viele Unternehmen sich so sehr gewünscht haben. Das hat verschiedene Gründe:

[1] Fehlende Standards und mangelnde Professionalität

In Kapitel 6 werden einige Probleme wie die stiefmütterlich behandelte Kennzeichnungspflicht oder die künstlich aufgebauschten Reichweiten sowie der Einsatz von falschen Kennzahlen angesprochen. Die Masse an mittelmäßigen Influencern, die gerade trendgetrieben auf den Markt drängt, färbt außerdem auf die gesamte Branche ab und bekräftigt das negativ besetzte Klischee, das sich in den Medien teilweise entwickelt hat.

[2] Falsche Erwartungen

Der Mythos, Influencer Marketing sei ‚billig', hält sich hartnäckig. Manchen Unternehmen gelingt es tatsächlich, mit wenig Budget zu einem großen Word of Mouth-Erfolg zu gelangen (z.B. Hotmail oder eBay). Bei genauerem Hinsehen fällt aber auf, dass es sich dabei hauptsächlich um Unternehmen handelt, die vollständig im Internet existieren und deshalb über das Internet einfacher vermarktet werden können und deren Services kostenlos sind (oder waren).

Bei anderen erfolgreichen Kampagnen steckt ein großes Werbebudget dahinter, was viele auf den ersten Blick übersehen. Für den Film ‚Blair Witch Project' wurden beispielsweise zehn Millionen US-Dollar eingesetzt statt den für einen US-Film üblichen 25 bis 30 Millionen US-Dollar. Word of Mouth- und Influencer Marketing ist also nicht generell günstig, sondern lediglich günstiger als andere Werbeformen. Kosten fallen trotzdem an. In dieser Berechnung sollte außerdem der Aufwand nicht unterschätzt werden, der für den Aufbau von Beziehungen mit Influencern anfällt, denn eine Automatisierung ist nur begrenzt möglich.

Trends und Veränderungen im Influencer Marketing

Dennoch: Das Influencer Marketing hat sich in Deutschland in den vergangenen Jahren Schritt für Schritt etabliert und entwickelt sich aus der Experimentierphase heraus zu einem wesentlichen Baustein der Marketing-Strategie von Unternehmen. Der Hype lässt langsam nach, die Auftraggeber schauen im Jahr 2019 etwas genauer hin – endlich (vgl. Ceccato 2018, S. 8). Denn erst wenn Influencer Marketing strategisch und kontrolliert eingesetzt wird, entstehen echte Standards und allgemeingültige Regeln. Dass der Boom demnächst vorbei sein könnte, heißt nicht, dass Influencer und Influencer Marketing komplett verschwinden. Im Gegenteil: Die Professionalisierung fängt dann erst wirklich an.

Influencer Marketing wird sich eben genau so an die Marktgegebenheiten und die Entwicklungen anpassen müssen, wie es jede Marketingdisziplin in der Vergangenheit tun musste. Rollen werden sich verändern, der Markt wird sich verändern zum Beispiel bezüglich der Intensität von Angebot und Nachfrage, aber auch bezüglich der Höhe der Honorare. Die Influencer werden sich ebenfalls verändern:

- Einige werden sich weiterentwickeln;
- andere werden den Fokus wechseln;
- manche werden aufhören;
- gleichzeitig kommen wieder neue Gesichter dazu.

Eventuell wird sogar der Begriff des Influencer Marketings an sich wieder verschwinden oder sich verändern – das Prinzip bleibt aber weiterhin bestehen. In der stark buzzword-getriebenen Marketingbranche ist dies kein unrealistisches Szenario. Menschen, die anderen Menschen als Vorbild dienen, als Ratgeber oder Orientierungshilfe, das ist primär nichts Neues. Der Wunsch, Berühmtheiten nachzueifern, ist menschlich, ganz egal ob wir uns an Celebrity Testimonials orientieren, an Personen aus dem Bekannten- oder Familienkreis oder eben an digitalen Persönlichkeiten in sozialen Medien.

Die sozialen Medien haben das Phänomen von Testimonials und Empfehlungen vergrößert, verbreitet, beschleunigt und auch denjenigen Menschen die Möglichkeit eröffnet, ein Influencer bzw. Social-Star zu werden, die vorher keinen Zugang zu einer großen Öffentlichkeit gehabt haben.

Viele der Influencer, die im Moment auf den Hype mitaufspringen, um sich auszuprobieren, werden allerdings nach einiger Zeit das Interesse verlieren oder sich weiterentwickeln müssen, um sich gegen Konkurrenten durchzusetzen. Experten prophezeien deshalb für Plattformen wie Instagram und Co. eine ähnliche Entwicklung, wie sie die Bloggerszene bereits durchlaufen hat: Eine Konzentration auf die Substanz. Am Ende bleiben diejenigen übrig, die eine gewisse Leidenschaft fürs Thema mitbringen, die einen hohen Anspruch an sich selbst haben, qualitative Inhalte veröffentlichen, und die ihre Kooperationen bewusst und selektiv auswählen. „Die digitale C- und D-Prominenz wird es schwerer haben. Special-Interest-Themen, wie zum Beispiel Gaming aber, werden wachsen", formuliert Toan Nguyen, Partner bei der Werbeagentur Jung von Matt/Sports (zitiert nach Gontek 2018). Wenn sich der Hype wieder beruhigt und der Markt übersichtlicher wird, wird es leichter für Unternehmen, nachhaltig mit ausgewählten Influencern zu arbeiten.

Parallel zu dieser Entwicklung werden Influencer wie Unternehmen stets an neuen Geschäftsmodellen und Formaten arbeiten, um in der schnelllebigen Welt der sozialen Medien nicht unterzugehen. Was im letzten Jahr noch Trend war, kann dieses Jahr schon ein etabliertes Format sein – zum Beispiel die Kreation von Produkten gemeinsam mit dem Influencer (mehr dazu in Kapitel 4.4).

Ein aktueller Trend ist, dass die Internet-Influencer nach und nach die alten Mainstream-Medien erobern, zum Beispiel mit eigenen TV Shows oder Auftritten wie YouTuber Julien Bams Juryplatz in der ProSieben-Tanzshow „Masters of Dance" (Ausstrahlung 2019). Fabian Gontek bringt es wunderbar auf den Punkt:

> „Die Einflussreichen, die hocheffizienten Ich-AGs der vergangenen Jahre, werden sich neu erfinden müssen – und fangen schon jetzt damit an. Sie sind in Filmen zu sehen (Stefanie Giesinger, Dagi Bee), schreiben Bücher (Paluten), sogar Beststeller (Pamela Reif), machen (mit überschaubarem Erfolg) Musik und ganz viel anderes (Bianca Heinicke) und werben auf Plakatwänden. Die Einflussreichen des Netzes – sie entdecken die Werbung von gestern." (Gontek 2018)

Daniel Zoll empfiehlt einen Blick in den asiatischen Raum. Trotz kultureller Unterschiede ist die dortige Situation eine logische

Weiterentwicklung, besonders hinsichtlich E-Commerce. Die Lücke zwischen Content und Kauf ist dort sehr viel kleiner, Medienbrüche werden vermieden, indem Content-Plattfomen und E-Commerce-Seiten nahtlos miteinander verknüpft werden (vgl. Zoll 2018, S. 49). „Solche One Stop Apps, in denen sich alles machen lässt, ohne sich aus ihr herausbewegen zu müssen, werden auch hierzulande ein echter Gewinn für Influencer Marketing sein." (Zoll 2018, S. 51)

Schlussendlich wird Influencer Marketing jeweils neu interpretiert werden, wenn sich andere Marketingdisziplinen entwickeln oder etablieren. Es gibt zum Beispiel erste Ideen, Influencer im Messenger Marketing einzusetzen, um dessen Follower zu aktivieren oder etwas Abwechslung in die Kommunikation zu bringen. Der klassische Take-Over zum Beispiel: Der Influencer übernimmt einen Kanal für einen begrenzten Zeitraum (vgl. Giese 2019).

Hinweise zum Buch

Dieses Buch hat den Anspruch,

- den Influencer-Begriff greifbar zu machen;
- unterschiedliche Typen von Influencern zu beschreiben;
- Influencer Marketing als Trend und Kommunikationsform im Marketing-Mix einzuordnen;
- die operative Umsetzung aus verschiedenen Perspektiven zu beleuchten: von der Strategie und der Auswahl des richtigen Influencers über das Projektmanagement und den angemessenen Umgang mit dem Influencer bis hin zur Erfolgsmessung;
- einen Einblick in rechtliche Rahmenbedingungen zu geben;
- die Relevanz des Influencer Marketings einzuschätzen;
- anhand von Gastbeiträgen Impulse aus der Praxis und Expertenmeinungen zugänglich zu machen.

Für wen ist dieses Buch?

Dieses Buch stellt eine Einstiegslektüre für Studierende und Praktiker dar, die sich einen Überblick über die Thematik des Influencer Marketings verschaffen und sich mit der praktischen Umsetzung auseinandersetzen möchten.

Praxisbeispiele und Definitionen

In jedem Kapitel gibt es Praxisbeispiele und Begriffsdefinitionen. Diese sind durch graue Balken oder Boxen gekennzeichnet.

Material für Dozenten und Studenten

Unter dem Reiter „Zusatzmaterialien“ unterhalb der Produktbeschreibung auf der Homepage der utb-Buchreihe finden Sie kostenlose Downloads zum Buch (siehe auch http://www.utb-shop.de/downloads). Dort stehen Ihnen unter anderem folgende Dokumente zur Verfügung:

- eine große Auswahl der abgebildeten Grafiken aus eigener Darstellung als PowerPoint-Folien;
- ausgewählte Darstellungen als Infografik
- und klickbare PDF-Checklisten.

Diese Materialien können Sie gerne in Präsentationen, Skripten und ähnlichen Dokumenten verwenden, sofern diese unter Angabe der Quelle im Rahmen der Lehre bzw. des Studiums verwendet werden.

Lektüre-Tipps

Am Ende des Buches finden Sie außerdem eine Auswahl an Lektüreempfehlungen für das weitere Studium der Influencer-Thematik (inkl. englischsprachiger Einstiegsliteratur, Grundlagenwissen und aktuellen Studien).

1 Was Sie vorab wissen sollten

In diesem Kapitel erfahren Sie:

- welche Kommunikationsmodelle dem Influencer Marketing zugrunde liegen;
- wie Empfehlungen entstehen;
- welche Rolle gesellschaftliche Netzstrukturen spielen;
- und wie der Entscheidungsprozess eines Kunden aussieht.

1.1 Vom Web 1.0 zur World of Connections

Eine der entscheidenden Veränderungen, die das World Wide Web (WWW) hervorgebracht hat, war die Veränderung des Kommunikationsverhaltens von Nutzern und Konsumenten. Bis ca. 1990 gab es, wenn man die Massenkommunikation betrachtet, ausschließlich passive Konsumenten. Was im Fernsehen oder im Radioprogramm nicht vorkam, oder über was die Zeitungen und Zeitschriften nicht geschrieben haben, war kaum Gegenstand der öffentlichen Diskussion. Privatpersonen hatten im Grunde keine Möglichkeit, ein größeres Publikum zu erreichen. Mit dem Web 2.0 änderte sich dieser Zustand: Es war nun möglich, selbst Inhalte zu publizieren – ohne technisches Know-how und ohne einen traditionellen Medienkanal zu bedienen.

Die ersten Schritte in Richtung soziales Netzwerk (auch soziale Medien, Social Media) wurden in den 1990er-Jahren gemacht: Blogs, steckbriefartige Profile und Websites wie Classmates.com, auf der sich alte Schulfreunde vernetzen konnten. Die meisten der sozialen Netzwerke, die wir heute noch kennen und nutzen, entstanden zwischen 2000 und 2010.

Eine entscheidende Entwicklung in Richtung Interaktion und Consumer Generated Content gab es ohne Zweifel durch Facebook, das 2004 zunächst als internes Netzwerk für Harvard-Studenten gegründet wurde und 2019 mit mehr als zwei Milliarden Nutzern weltweit nach wie vor seinen Rang als größtes soziales Netzwerk verteidigt. Auch die Videoplattform YouTube gibt es bereits seit 2006; Instagram ist seit 2009 im Rennen um die größte Community vorne mit dabei. Nie zuvor konnten sich Menschen so einfach und über räumliche Distanzen hinweg vernetzen. Abbildung 4 gibt einen Überblick zu den Nutzerzahlen bekannter Netzwerke.

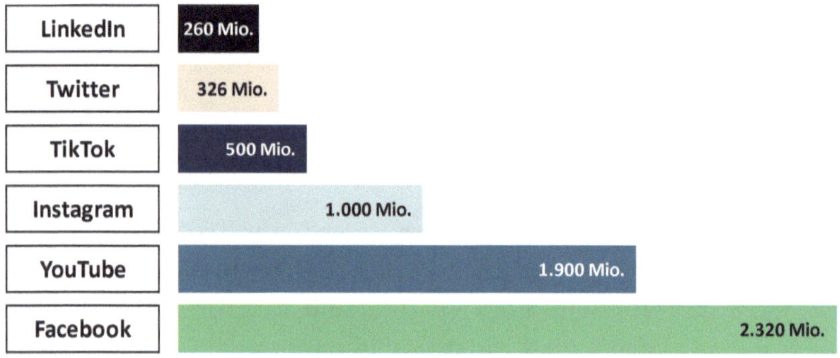

Abbildung 4: Nutzerzahlen sozialer Medien weltweit (Januar 2019). Quelle: Torres 2019 & Kemp 2019

Diese Plattformen und Megatrends verändern das Mediennutzungsverhalten kontinuierlich – und die Marketinglandschaft reagiert darauf mit neuartigen Werbeformen und Möglichkeiten zur Monetarisierung. Damit einhergehend sind die Social Media-Influencer in den Fokus der Werbetreibenden gerückt, um neue Kommunikationskanäle zu potenziellen Zielgruppen zu finden.

1.2 Kommunikationsmodelle

Der Fortschritt der Digitalisierung und die Entwicklung des Internets zum Web 2.0 bzw. Social Web hat vor allem die Alltagskommunikation verändert: Über Kommentarfunktionen können Verbraucher reagieren und mitreden, über Social Media wie Twitter,

Instagram und Facebook oder über Blogs kann jeder, der möchte, Nachrichtenproduzent sein.

In der Welt der sozialen Medien kann außerdem jede Nachricht von Empfängern verstärkt, mit eigenen Gedanken und Interpretationen angereichert und erneut geteilt werden, wodurch die Empfänger selbst wieder zu Sendern werden.

Die klassische „One-to-Many“-Kommunikation wandelt sich durch das Social-Web zu einer „Many-to-Many“-Kommunikation. Das jahrzehntelang gültige Sender-Empfänger-Prinzip gilt nicht mehr – unser Kommunikationsverhalten hat sich verändert und mit sich unsere Meinungsbildung und unser Kaufverhalten.

Kommunikation als Prozess lässt sich grundsätzlich nicht nur eindimensional erfassen, denn die Wahrnehmung und Verarbeitung von Informationen hängt stark von individuellen Faktoren ab. Dass heute viele Menschen weltweit miteinander vernetzt sind und zugleich Konsument wie auch Produzent von Inhalten sein können, sorgt für weitere Kommunikationsdimensionen. In diesem Zusammenhang taucht häufig der Begriff des Prosumenten[1] auf. Es besteht ein riesiges Interaktionspotenzial innerhalb von sozialen Medien wie Blogs, Diskussionsforen, Bild- und Videoplattformen, Podcasts, Bewertungsplattformen oder Wikis (vgl. Weinberg 2014).

In der wissenschaftlichen Auseinandersetzung wird versucht, die bestehenden Modelle zu überarbeiten und zu adaptieren. Bentele und Beck unterscheiden beispielsweise vier Kommunikationskonstellationen:

---

1 Prosument = Das Schachtelwort setzt sich zusammen aus den Begriffen „Produzent“ und „Konsument“ und beschreibt Verbraucher, die beide Rollen gleichzeitig erfüllen, also z.B. für den Eigengebrauch produzieren oder Hersteller mit Wissen und Bedarfen bei der Entwicklung von Produkten unterstützen.

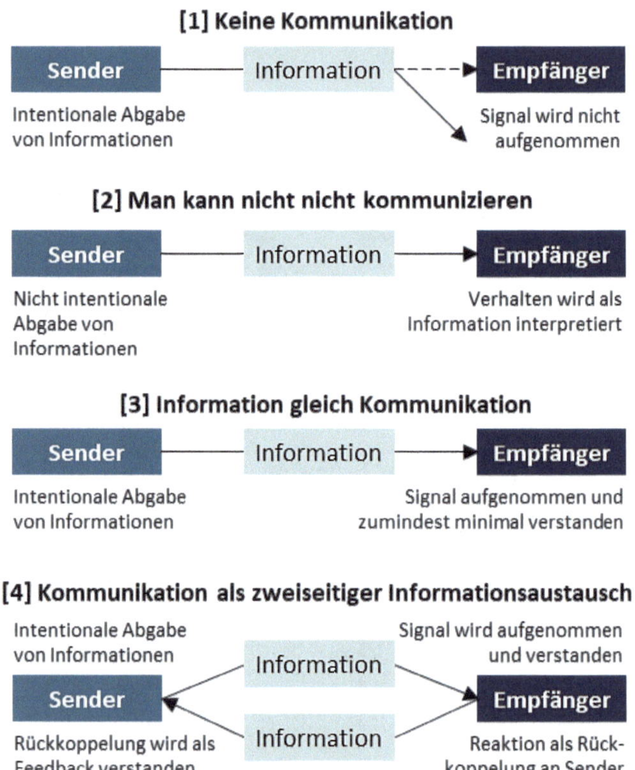

Abbildung 5: Kommunikationsmodelle nach Bentele und Beck.
Quelle: nach Bonfadelli et al. 2010, S. 126

Andere Wissenschaftler definieren den Kommunikationsbegriff vor dem Hintergrund der Massenmedien und Sozialen Medien neu. Vor allem für das Influencer Marketing ist die Darstellung von Marsden (Abbildung 6) interessant: Er versteht die Netzwerkstruktur unserer Gesellschaft als Grundlage für den Einfluss von Marketingkommunikation.

> Der Begriff **Kommunikation** stammt vom lateinischen ‚communicatio' ab, was Mitteilung bzw. Unterredung bedeutet. Schon die Wortbedeutung und das Alltagsverständnis definieren also, dass mindestens zwei Seiten an der Kommunikation beteiligt sind – sonst fände ja kein ‚Teilen' statt.

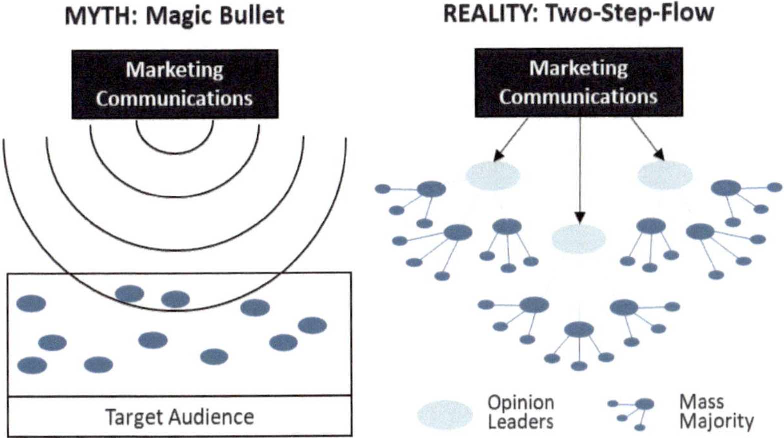

Abbildung 6: Models of Media Influence. Quelle: nach Marsden 2010b, S. 8

1.3 Empfehlungsverhalten

Im Marketing- bzw. Word of Mouth-Kontext ist eine Empfehlung definiert als „eine negative, neutrale oder positive Mitteilung eines Konsumenten oder Kunden über die wahrgenommenen Merkmale eines Unternehmens oder dessen angebotene Leistungen an andere Konsumenten/Kunden." (Tropp 2014, S. 544).

In erster Linie ist Word of Mouth eine irrationale, emotionale Angelegenheit, denn die Menschen empfehlen nur dann etwas ausdrücklich, wenn sie begeistert sind und vor anderen mit ihrem Wissen oder ihren Erfahrungen punkten können. Grundsätzlich ist der Mensch auch eher bereit, Kritik zu äußern, als Lob. Wer empört ist, verärgert oder sogar verängstigt, lässt sich schneller zu einer Äußerung hinreißen als jemand, der eine positive Erfahrung gemacht hat.

Schüller hat in ihrem Buch zum Empfehlungsmarketing eine Reihe von Motiven identifiziert, die zwar keinen Anspruch auf Vollständigkeit erhebt, aber in jedem Fall ein sehr umfassendes Bild abgibt und auf Influencer übertragbar ist: „Mund-zu-Mund-Propaganda und Empfehlungsmarketing entstehen insbesondere dann, wenn man:

- „[...] hiermit seiner Persönlichkeit Ausdruck verleihen kann,
- [...] dadurch Coolness und Geltungsbedürfnis nähren kann,
- [...] zum Wohlergehen Anderer beitragen kann,
- [...] sich durch Insider-Wissen als Vorreiter profilieren kann,
- [...] sich zugehörig und als Teil einer Gemeinschaft fühlen kann,
- [...] in Entstehungsprozesse mitgestaltend involviert wurde.

Und wenn etwas

- [...] Unterhaltsames oder Sensationelles bereitgehalten wird,
- [...] völlig Neues oder sehr Exklusives offeriert wird,
- [...] Nützliches oder höchst Begehrenswertes angeboten wird,
- [...] zum Gewinnen oder zum (miteinander) Spielen gibt."

(Schüller und Schwarz 2010, S. 12)

Motivationen sind als Prozess definiert, der Menschen dazu veranlasst, sich auf eine bestimmte Art und Weise zu verhalten. Sie dienen demnach als Grundlage für die Erklärung von beobachtbarem Verhalten (vgl. Möller 2011, S. 24).

Die Motivationstheorie unterscheidet zwischen zwei übergreifenden Arten von Motivation, der extrinsischen und der intrinsischen. Intrinsische Motivationsquellen wurzeln in einem inneren Bestreben der Person, etwas Bestimmtes zu tun, weil sie es mit Vergnügen oder Spaß assoziiert oder eigene Ziele verfolgt. Intrinsische Motive sind also selbst stimulierend. Im Gegensatz dazu sind extrinsische Motive von einem äußeren Anreiz abhängig, die Motivationsquelle liegt außerhalb der Person. Es geht dem Individuum mit seinem Verhalten darum, eine externe Belohnung zu erhalten – zum Beispiel eine Geldzahlung. Typische Beispiele für intrinsische Motivation sind hingegen Neugierde, das Einhalten von persönlichen Prinzipien oder das Bedürfnis, seine Fähigkeiten auszuleben. Basierend auf dieser motivationstheoretischen

Grundlage können zwei Formen von Empfehlungsverhalten unterschieden werden:

[1] Intrinsisches Empfehlungsverhalten ist das Ausmaß, mit dem ein Kunde ein Unternehmen oder dessen Produkte bzw. Dienstleistungen selbstständig und aus eigenem Antrieb heraus weiterempfiehlt bzw. eine klare Kaufempfehlung ausspricht.

[2] Extrinsisches Empfehlungsverhalten liegt dann vor, wenn sich ein Kunde hingegen von äußeren Anreizen, wie z.B. einer Prämie, leiten lässt.

Vogelaar differenziert außerdem drei Vermittlungsformen von Begeisterung (vgl. Vogelaar 2011, S. 27–31):

- spontanes Empfehlungsverhalten;
- passives Empfehlungsverhalten;
- und Nachahmungsverhalten.

Spontanes Empfehlungsverhalten beschreibt begeisterte Menschen, die eher extrovertiert sind und ihre Begeisterung aktiv teilen mit der Absicht, damit beim Gegenüber gut anzukommen.

Von **passivem Empfehlungsverhalten** spricht man, wenn jemand um einen Rat oder seine Meinung gebeten wird. Die Hemmschwelle ist höher, denn der Empfehler benötigt hierfür Vertrauen in die eigene Kompetenz, schließlich kann er hinterher danach beurteilt werden, wie gut sein Rat war. Außerdem ist nicht dasselbe Level an Begeisterung notwendig: Wer um Rat gebeten wird, kann auch auf die beste ihm bekannte Alternative verweisen, ohne selbst davon begeistert zu sein. Passives Empfehlungsverhalten kann sich auch in der positiven Erwähnung einer Marke äußern, wenn dabei keine explizite Empfehlung ausgesprochen wird. Aus dieser Unterscheidung ergibt sich eine Klassifizierung in aktive und passive Empfehler.

Begeisterung durch Nachahmung ist der subtilste und gleichzeitig wirkungsvollste Weg. Er ist besonders schwer zu greifen, weil Nachahmung meist unbewusst stattfindet. Der Nachahmungstrieb ist zwar besonders stark im Menschen verankert, dennoch kopieren wir nicht willkürlich. Wir orientieren uns an Personen, mit denen wir uns leicht identifizieren können, oder, die Glück, Expertentum und Selbstvertrauen ausstrahlen – bewusst oder unbewusst. Diese ‚Superpromoter', wie Vogelaar sie nennt, sind im Prinzip nichts anderes als Influencer (siehe Kapitel 2).

1.4 Consumer Epidemics

Die Macht der Mund-zu-Mund-Propaganda basiert auf der Vernetzung zwischenmenschlicher Beziehungen. Eine spezielle Form dieses Phänomens beschreibt Gladwell, der mit seinem Buch ‚The Tipping Point' ein vielzitiertes Grundlagenwerk für die Buzz- bzw. Hype-Thematik geschaffen hat. Gladwell spricht bei besonders lebhafter Nachfrage nach Markenturnschuhen, Harry Potter-Büchern oder dem neuesten iPhone von Consumer Epidemics.

Diese Consumer Epidemics können auf beiden Seiten von Angebot und Nachfrage entstehen: auf der Angebotsseite durch Innovationen, die neue Bedürfnisse kreieren, und durch fallende Preise, die Innovationen für die breite Masse erschwinglich machen. Auf der Nachfrageseite entstehen Consumer Epidemics bei den echten Problemen, Wünschen, Bedürfnissen der Konsumenten: Wenn das Produkt oder der Service einen Mehrwert für das Leben des Konsumenten bietet (z.B. ein Problem löst), der größer ist als der empfundene Aufwand und die erwarteten Kosten für den Wechsel zum neuen Produkt bzw. Service.

Die wichtigste Eigenschaft von Consumer Epidemics ist, dass eine bestimmte kritische Masse erreicht werden muss, damit sie eintreten – der sogenannte Tipping Point. Dieser Punkt ist nur dann erreichbar, wenn in mindestens einem von drei Faktoren eine Veränderung stattfindet:

[1] The law of the few: In der Regel wird der Hype von nur wenigen einflussreichen Personen ausgelöst, die ‚klebrige Nachrichten' übermitteln. Gladwell nennt sie ‚market mavens'

(Kenner), ‚connectors‘ (Vermittler), und ‚salespeople‘ (Verkäufer).

[2] The stickiness factor: Neben dem Übermittler ist auch der Inhalt der Botschaft von Bedeutung, welcher besonders einprägsam und interessant gestaltet sein muss (‚sticky‘).

[3] The power of context: Ob eine „Epidemie“ ausbricht, hängt davon ab, unter welchen Umständen zu welcher Zeit an welchem Ort die Menschen die Botschaft wahrnehmen.

Das Phänomen der Consumer Epidemics ist nicht neu – es ist aber durch verschiedene Entwicklungen verstärkt worden: Die Menschen sind besser vernetzt denn je, wodurch sich epidemieartige Effekte deutlich rasanter verbreiten können. Außerdem hat die Demokratisierung der Massenmedien eine Machtverschiebung in Richtung der Konsumenten ausgelöst. Letztendlich führen offene Märkte und die Globalisierung dazu, dass sich Trends und Innovationen heute (geografisch betrachtet) sehr viel weiter und ohne Probleme auch über Ländergrenzen hinweg auf der ganzen Welt ausbreiten können.

Da außerdem die meisten Konsumenten in den Industrienationen heute ihre Grundbedürfnisse bereits erfüllt haben, ist eine Verschiebung der Nachfrage in Richtung ‚Pop Life‘ zu beobachten, sprich: den Momenten, Menschen, Orten und Dingen, die das Image des Menschen prägen – „my desires, my tastes, my experiences, my hobbies and habits, my environment etc.“ (Schuyler 2010, S. 219) Genau diese Welt bedienen viele Influencer mit ihren Inhalten.

1.5 Kaufentscheidung: Customer Journey und Sales-Funnel

Vor allem im Entscheidungsprozess vor dem Kauf stellt sich ein Konsument Fragen zum Produkt: Kenne ich die Marke? Brauche ich es dringend? Kann ich es mir leisten? Was sind Alternativen? Was denken andere darüber? Wer nutzt es außer mir? Auf dem Weg zur Entscheidung können also zahlreiche psychologische Faktoren den Prozess unterbrechen.

Wie auch bei der Kommunikation gab und gibt es zahlreiche Bemühungen, für die Wirkung von Werbung theoretische Modelle zu identifizieren, die versuchen zu beschreiben, wie und warum werbliche Kommunikation wirkt.

Die verschiedenen Modelle (z.B. hierarchische Stufenmodelle, Dualprozesstheorien, integrative Modelle oder die Cognitive-Response-Theorie) gehen dabei in unterschiedlicher Herangehensweise auf die Faktoren ein, die bei der Verarbeitung von Information eine Rolle spielen und diese beeinflussen können:

- Die Motivation zur Verarbeitung der Information (auch „Grad an Involvement" genannt)
- Die Fähigkeit zur Verarbeitung einer Information
- Die Gelegenheit zur Verarbeitung einer Information
- Die Intelligenz des Rezipienten
- Die inhaltliche Gestaltung der Botschaft
- Ablenkende Reize bei der Rezeption
- Die Geschwindigkeit der Präsentation einer Botschaft

Das Elaboration-Likelihood-Modell (ELM) von Petty und Cacioppo (1983) zum Beispiel zählt zu den Modellen der Dualprozesstheorie: Je nach Involvement des Rezipienten erfolgt die Verarbeitung einer (Werbe-)Botschaft entweder

[1] über die zentrale/systematische Route: Bei hohem Involvement setzt sich der Rezipient bewusst, kritisch und intensiv mit der Information auseinander. Botschaften bleiben langfristig gespeichert.

[2] oder über die periphere/heuristische Route: Bei niedrigem Involvement orientiert sich der Rezipient an leicht zu erfassenden Schlüsselinformationen (z.B. Glaubwürdigkeit der Quelle).

Dennoch können beide Prozessrouten die Einstellung oder eine Änderung der Einstellung beim Rezipienten beeinflussen. Die Wahl der Route (zentral vs. peripher) ist abhängig von der Verarbeitungswahrscheinlichkeit, sprich: dem Ausmaß der Motivation, des Involvements und der Fähigkeit des Empfängers sowie der Gelegenheit zur Informationsverarbeitung (vgl. Dorner 2016, S. 67 ff.).

Die **Customer Journey** (dt. die Reise des Kunden) ist ein Marketinginstrument und beschreibt den Weg, den ein Konsument von der ersten Phase des Entscheidungsprozesses über den tatsächlichen Kauf bis hin zur Nutzung und dem Aufbau einer langfristigen Beziehung zurücklegt.

In der Regel durchläuft ein Kunde sechs Schritte auf dem Weg zu einer Kaufentscheidung:

[1] Experience: Die Person begegnet dem Produkt erstmals bzw. wird darauf aufmerksam.

[2] Interest: Die Person recherchiert/interagiert mit der Marke.

[3] Buy: Die Person hat eine Kaufentscheidung getroffen.

[4] Learn: Die Person testet das Produkt und seinen Nutzen.

[5] Use: Die Person nutzt das Produkt regelmäßig.

[6] Share: Die Person teilt ihre positiven und negativen Erfahrungen mit anderen Konsumenten.

Jeder Begegnungspunkt des Kunden mit dem Produkt oder der Marke ist ein sogenannter Touchpoint. Dazu zählen:

- Hauptvertriebskanäle (Einzelhandel, Website oder Call Center);
- Bereiche wie Marketingkanäle (Facebook, Newsletter etc.) oder Recherchekanäle (Foren, Kundenservice etc.);
- und indirekte Kontakte über soziale Medien, Kundenbewertungen sowie Mund-zu-Mund-Propaganda im Allgemeinen.

An jedem dieser Touchpoints kann ein potenzieller Kunde auf seiner „Reise“ unterschiedlich lange verweilen, entweder nur wenige Minuten oder auch mehrere Jahre.

Die Customer Journey fächert sich über immer mehr Medienkanäle auf, wodurch es für Unternehmen allgemein schwieriger wird, den Verbraucher allein mit traditionellen Marketingmaßnahmen zu erreichen. Digitale Empfehlungsformate wie Blogs und YouTube-Videos gehören inzwischen fest zur Customer Journey und haben großen Einfluss auf die Kaufentscheidung.

Während die Customer Journey den gesamten Prozess vom ersten Kontakt mit dem Produkt bis hin zur Anwendung und (idealerweise) Empfehlung abbildet, zeigt der sogenannte Sales-Funnel (‚Verkaufstrichter') denjenigen Ausschnitt aus dem Prozess, der den Fokus auf das konkrete Verkaufserlebnis setzt.

Der **Sales-Funnel** ist ein Vertriebstool, das messen soll, wann wie viele Conversions stattfinden (in der Regel Verkaufsabschlüsse) bzw. wie viele Interessenten sich in welcher Stufe des Kaufprozesses befinden. Je nachdem, wie detailliert ein Unternehmen seinen Sales-Funnel beschreibt, kann er aus drei, neun oder sogar mehr Stufen bestehen.

Cooper und Vlaskovits stellen einen übersichtlichen, fünfstufigen Trichter vor (siehe Abbildung 7 am Beispiel eines web-basierten Unternehmens).

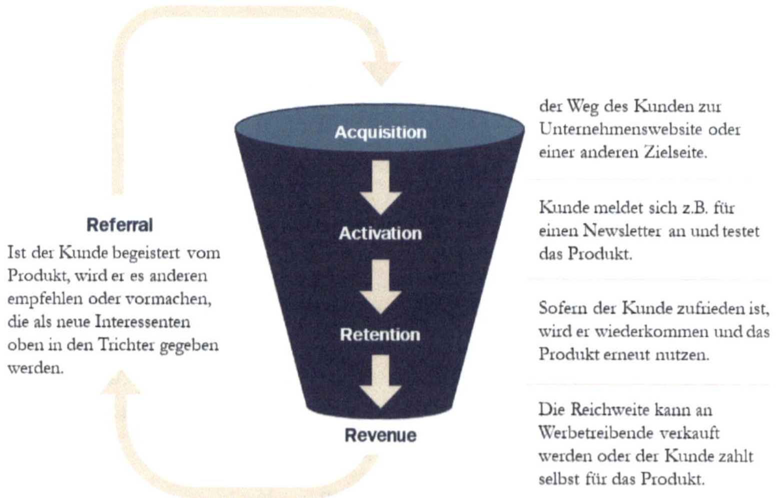

Abbildung 7: User Acquisition and Conversion Funnel.
Quelle: nach Cooper und Vlaskovits 2013, S. 91

2 Der Influencer: Testimonial, Experte, Social-Star?

In diesem Kapitel erfahren Sie:

- was sich hinter dem Influencer-Begriff verbirgt;
- was den Influencer als Mensch ausmacht
- und welche Typen von Influencern es gibt.

2.1 Der Influencer-Begriff

Der Begriff Influencer stammt von dem englischen Wort ‚influence' ab (dt. ‚Einfluss' oder ‚beeinflussen'). Es existiert, wie so oft bei der Entwicklung neuer Marketingformate, bisher keine einheitliche Definition.

Der Sozialpsychologe Cialdini hat 2001 schon Einflussgrößen des ‚Influencing' beschrieben. In dem grundsätzlichen Artikel wird aufgezeigt, wie sich Menschen in ihrem eigenen Handeln und Denken beeinflussen lassen und wie einflussreiche Meinungsführer entstehen (vgl. Cialdini 2001). Im Marketing wird ‚Influencing' heute meist im Kontext mit sozialen Medien genannt.

Brown und Hayes schlagen eine sehr weite Definition für den Influencer vor: „A third-party who significantly shapes the customer's purchasing decision." (vgl. Schüller 2015, S. 188). Darunter fallen allerdings auch Beeinflusser aus dem lokalen Umfeld wie Lehrer, Pfarrer, Ärzte oder der Barkeeper ebenso wie führende Persönlichkeiten aus der Öffentlichkeit – Journalisten, Buchautoren, Profisportler, Prominente – oder der engere soziale Kreis von Familien und Freunden.

Töpfer et al. gehen in der Definition zu ihrer Studie „Inside Influencer – Die neuen Markenbotschafter und was sie bewegt" etwas weiter:

> „Influencer sind schlicht übersetzt Beeinflusser – gemeint sind Meinungsführer, die Informationen in Form von Empfehlungen vermitteln und so maßgeblich das Kaufverhalten anderer beeinflussen. [...]
>
> Influencer sind nun nicht immer Experten und Experten auch nicht immer Influencer. Was die Anziehungskraft der erfolgreichsten Influencer ausmacht, sind sie selbst: ihre Authentizität, Ehrlichkeit und Spontanität. Je nach Branche haben hochkarätige Influencer Wissen, Stil und größere Netzwerke." (Töpfer, Trapp, Nguyen 2018, S. 3)

Hier stecken schon einige zusätzliche Eigenschaften drin, die dabei helfen, den digitalen Influencer im engeren Sinne einzugrenzen. Wichtige Aspekte oder Einflussfaktoren für ‚Influence' sind grundsätzlich folgende:

- Reziprozität

  Ein zentraler Erfolgsfaktor ist, dass es der Influencer schafft, mit seinen Angeboten möglichst viele Menschen zu unterhalten – und zwar dauerhaft. Bietet der Influencer regelmäßig passenden Inhalt, steigt die Wahrscheinlichkeit, dass Nutzer dauerhaft Interesse an dem Kanal zeigen, diesen abonnieren, folgen oder liken und positiv darüber berichten.

- Commitment

  Jeder Mensch neigt dazu, Inhalte zu konsumieren, die mit den eigenen Wertvorstellungen und Ansichten in Einklang zu bringen sind. Ein Influencer selbst steht für bestimmte Werte, die seine Follower auch von ihm erwarten. Dies bedeutet, dass ein Influencer in seinen Inhalten einen „roten Faden" erkennen lassen muss und sein Image bewusst pflegen sollte.

- Sympathie

  Vor allem bei sehr jungen Zielgruppen ist ein wichtiger Grund, einem Influencer zu folgen, die subjektive Wahrnehmung des Influencers. Menschen suchen aktiv nach Vorbildern oder sozialen Kontakten, mit denen sie sich identifizieren können. Das gilt auch für virtuelle Kontakte. In der Psychologie spricht man bei solch einer scheinbaren Nähe zu virtuellen Personen von parasozialer Interaktion.

Parasoziale Interaktion beschreibt „einen spezifischen Modus, mit dem sich Rezipienten zu den in den Medien dargestellten Akteuren in Beziehung setzen“ (Wegener 2008, S. 294). Diese Beziehungen blieben bisher weitgehend Imagination, da lineare Medien wie das Fernsehen oder der Film kaum Raum für Wechselwirkung zwischen Rezipienten und Medienakteur lassen.

In Zeiten der sozialen Medien verändert sich die Dynamik: Nicht nur die Nutzer/Fans, sondern auch die Medienpersönlichkeiten können aktiv werden und reagieren (vgl. Robak 2016, S. 60). Für Follower entsteht so der Eindruck tatsächlicher Nähe und Interaktion zum Beispiel mit einem Influencer, auch wenn der Influencer nicht zwingend in den persönlichen Austausch mit jedem Einzelnen geht, sondern die Community als Personengruppe anspricht.

- Expertenstatus

  Influencer haben unterschiedliche Themenbereiche, in denen sie erfolgreich sind (vgl. Kapitel 2.3). Außerhalb von rein unterhaltenden Formaten, die sich zum Großteil mit der sympathischen oder ausgefallenen Präsentation des Influencers erklären lassen, existieren auch informierende Kanäle, die z.B. von Experten betrieben werden.

- Corporate Design

  Die Kanäle der Influencer sind – abgesehen von Blogs – zwar größtenteils auf fremden Plattformen zu finden (YouTube, Instagram etc.). Dennoch wählen Influencer für diese Auftritte jeweils ihren eigenen, erkennbaren Stil für die Darstellung von Inhalten oder Meinungen. Einen Stil, den der Influencer frei wählen kann. Nicolas Scheidtweiler nennt es das eigene "Corporate Design" des Influencers (vgl. Scheidtweiler 2018).

Der (digitale) Influencer im Sprachgebrauch der Marketingbranche besitzt also zusammengefasst folgende Eigenschaften:

- Er hat eine Präsenz in den sozialen Medien aufgebaut in der Regel mit einem Hauptkanal, den er primär nutzt und unterstützenden Kanälen zur weiteren Verbreitung und Cross-Promotion seiner Inhalte. Für diesen hat er einen eigenen Stil entwickelt, zum Beispiel bzgl. Sprache oder Darstellung von Inhalten.
- Diese Reichweite und/oder Autorität hat sich der Influencer aufgrund seines Engagements, seiner Inhalte oder seiner Kompetenz erarbeitet. Der Influencer hat also einen Themenfokus (hierunter fallen auch Humor oder Kunst wie z.B. Musik oder Tanz), oder ist sogar Fachexperte.
- Die Reichweite und/oder Berühmtheit hat ein Influencer im ersten Schritt nicht über traditionelle Medien erlangt (wie zum Beispiel Filmstars oder Sportler) sondern über das Internet und soziale Netzwerke.
- Influencer stehen mit einer bestimmten Personengruppe (ihren Followern/Fans) eng in Kontakt, meistens auf einer freundschaftlichen oder zumindest kollegialen Ebene (Stichwort Community). Innerhalb dieser Community hat er besonderen Einfluss auf die Verhaltensweise, Meinungen und Entscheidungen einzelner Personen, bis hin zur Kaufentscheidung.

Ein **digitaler Influencer** ist eine Person, die zu einem bestimmten Thema Expertenwissen und/oder soziale Autorität besitzt, diesbezüglich Inhalte in den sozialen Medien mit ihrem Netzwerk teilt, und darüber einen Einfluss auf ihre Follower ausübt, der bis zum Kaufimpuls führen kann.

Auf die konkreten Erfolgs- bzw. Qualitätsfaktoren in Bezug auf die Identifikation passender Influencer wird in Kapitel 5.3 im Detail eingegangen.

In der Regel sind erfolgreiche Influencer nicht mit der Intention gestartet, berühmt zu werden, sondern weil sie unterhalten wollen, etwas zu erzählen haben oder ihre Kreativität ausleben möchten. Genau das macht sie so authentisch und interessant für Unternehmen. Ihre soziale Autorität und ihr Expertenstatus in bestimmten Themen führen dazu, dass ihre Aussagen von vielen ihrer Follower und Fans in den sozialen Medien als glaubwürdig eingestuft werden – oft ohne diese zu hinterfragen. Eine Empfehlung von einem Influencer ist demnach besonders wertvoll.

Der Einsatz von Meinungsmachern, Testimonials und Berühmtheiten in der Werbung ist nicht neu – Influencer Marketing definiert lediglich eine neue Form dieser „Berühmtheit": Sozialer Einfluss ist nicht mehr länger ein Privileg von klassischen ‚Celebrities' wie Filmstars, Sportler und Musiker, sondern kann sich auch in der breiten Gesellschaft entwickeln, in Form von Social Media-Stars, die auf ihre Fans genauso viel Einfluss haben wie andere Berühmtheiten – wenn nicht sogar mehr. Die Grenzen verwischen allerdings. Einige Social Stars haben inzwischen eine (Millionen-) Reichweite bzw. Fanbase und verfügen über eine umfassende Infrastruktur (z.B. Manager) wie man sie bislang nur von klassischen Prominenten kannte.

> Die Gebrüder Lochmann zum Beispiel: Roman und Heiko Lochmann sind 19 Jahre alt, Zwillinge, Musiker, YouTube-Stars. Ihr Kanal ‚Die Lochis' hat eine Reichweite von fast 2,7 Millionen Abonnenten (Stand Juli 2019).
>
> Die Brüder veröffentlichen Alben, drehen Musikvideos und Kinofilme, gehen international auf Tour und veröffentlichen auf YouTube natürlich auch unterhaltende Videos, die ein sehr junges Publikum erreichen. Im Mai 2019 verkündeten die Brüder, dass sie mit „den Lochis" abschließen möchten und andere Projekte angehen wollen – eventuell auch solo. Gemeinsam Musik machen sie aber weiterhin.
>
> Etablierte Unternehmen versuchten diese Reichweite zu nutzen: RTL rekrutierte die beiden ‚Lochis' 2018 zum Beispiel für die Tanz-Show ‚Let's dance', um ein Publikum im Teenager-Alter für die lineare Fernsehsendung zu begeistern.

Für die Mehrheit der Unternehmen sind aber eher nicht die Mega-Stars relevant, sondern die sogenannten MikroInfluencer mit einer Followerschaft unter 100.000 Fans. Ab da bis zu einer halben

Million spricht die Branche häufig von ‚Medi Influencern'; alles darüber sind die großen Social Media-Stars oder ‚Makro Influencer'. Die Grenze nach unten zu ziehen, ist schwieriger: Sind es 1.000 Follower, 10.000 oder 25.000? Ab wann ist eine Person ein Influencer? Grundsätzlich hat jeder Mensch Einfluss und sei es nur auf seinen engsten Bekanntenkreis. Der digitale Influencer im Sinne des Marketings zeichnet sich deshalb neben der Reichweite immer auch durch seine Affinität zu einem bestimmten Thema aus.

Menschen, die uns näherstehen, erscheinen uns grundsätzlich glaubwürdiger. Da Mikro-Influencer häufig Nischenthemen oder Special-Interest-Themen besetzen, haben sie in der Regel eine besonders homogene und treue Zielgruppe – also kaum Streuverluste. Genau das macht sie für Unternehmen interessant. Die Engagement-Raten (die Zahl der Interaktionen) sinken mit zunehmender Followerzahl überproportional (siehe Abbildung 8). In anderen Worten: Je kleiner die Community, desto persönlicher der Kontakt und desto intensiver die Interaktion (siehe auch: parasoziale Interaktion, S. 39).

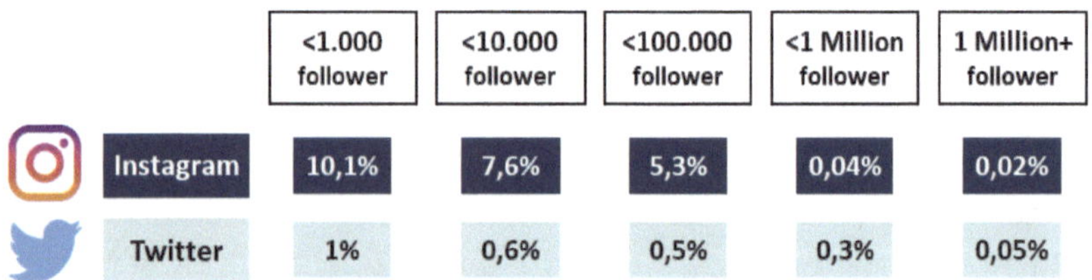

Abbildung 8: Durchschnittliche Engagement-Rate 2017.
Quelle: nach El-Qudsi 2019

2.2 Der Influencer als Mensch

Influencer Marketing beruht stets auf einer Kooperation mit einem Menschen. Ein Influencer ist immer gebunden an seine Eigenschaften als Mensch – unabhängig davon wie professionell er seine Arbeit betreibt. Für Unternehmen ist es also essentiell, die Motivationslage der Influencer zu verstehen, mit denen sie arbeiten möchten, wenn die Zusammenarbeit nachhaltig von Erfolg gekrönt sein soll. Selbstverständlich sind Motive sehr persönlich und schwer zu verallgemeinern. Dennoch lassen sich Muster erkennen, die auf die Mehrheit zutreffen werden.

Influencer fallen in die Kategorie der ‚aktiven Empfehler', die folgende Eigenschaften aufweisen (vgl. Schüller 2015, S. 21):

- Influencer ergreifen die Initiative;
- sie teilen ihr Wissen und ihre Meinung bereitwillig und gerne;
- sie sind Trendsetter;
- sie sind Experten auf ihrem Gebiet;
- sie genießen es, einen gewissen Status, eine gewisse Reputation zu besitzen.

Aufbauend auf den grundlegenden Motivationen von Empfehlern im Allgemeinen (Kapitel 1.3), können außerdem die konkreten Motive von Influencern im Speziellen abgeleitet werden. Dabei spannen sich die Beweggründe zwischen zwei Polen auf: Ist das Veröffentlichen der Inhalte ein bloßer Zeitvertreib – sprich: ein Hobby – oder steckt eine ernste Absicht dahinter, ist es vielleicht sogar der Beruf der Person, mit dem Geld verdient werden muss?

Nicht jeder Äußerung, die ein Influencer tätigt, liegt eine Marketing-Kooperation oder sonst ein wirtschaftlicher Zweck zu Grunde. Influencer sind Menschen, die ebenso gerne ihre private Meinung teilen und auch eine Empfehlung mit selbstloser Absicht aussprechen oder andere Interessen verfolgen. Bei diesen Interessen geht es nicht immer um Geld, sondern auch um Ansehen, Dominanz oder um die Sicherung sozialer Bindungen. Firsching (vgl. 2017a) ermittelte aus zahlreichen Studien die folgende Rangfolge von Motiven bei Influencern:

[1] Interesse am Ausbau der eigenen Reichweite;

[2] Interesse an guten Inhalten;

[3] eigenes Image schärfen und verbessern;

[4] Geschenke;

[5] Geld verdienen.

Den weichen bzw. intrinsischen Faktoren, wie beispielsweise der Authentizität und den eigenen Themen treu zu bleiben, stehen also auch beim Influencer extrinsische Faktoren wie zum Beispiel Produktgeschenke und Honorare gegenüber. Selbstverständlich treffen nicht alle Motive in dieser Rangfolge auf jeden Influencer zu. Außerdem sind die Motivationen nicht streng voneinander trennbar.

> Ein Beispiel
>
> Ein Influencer ist daran interessiert, seine Reichweite auszubauen, um mehr Menschen zu erreichen und in der Folge interessanter für Unternehmen zu werden, womit sich die Chancen auf einen materiellen Gewinn erhöhen. Um seine Reichweite auszubauen, benötigt der Influencer hochwertige, interessante Inhalte und sollte seinem Thema treu bleiben, um weder Follower noch seine Glaubwürdigkeit zu verlieren. Denn der Verlust der Glaubwürdigkeit würde ihn wiederum weniger interessant für Unternehmen machen, was zur Folge hat, dass das Potenzial für den Ausbau der eigenen Reichweite und den materiellen Gewinn sinkt. Es handelt sich also um einen Kreislauf bzw. eine Balance verschiedener Motivationen.

Für ein Unternehmen hat das Identifizieren der Motive eines Influencers zum Beispiel den Vorteil, dass eine jeweils passende Kooperation und Vergütung vorgeschlagen werden kann. Unabhängig von den Motiven gilt: Eine angemessene Ansprache ist unumgänglich. Eine Kooperation ist eine gängige Geschäftsbeziehung und sollte auch entsprechend nach professionellen Standards behandelt werden.

Zahlreiche Blogger und Meinungsführer machen sich bereits im Internet öffentlich über unverschämte oder ‚plumpe Anfragen' lustig (mehr zum Thema Ansprache in Kapitel 4.6.1). Außer Honoraren können Unternehmen als Incentive interessante Inhalte in verschiedenen Formen zur Verfügung stellen: Insider-Informationen, Blicke hinter die Kulissen, Zugang zu exklusiven Produkten oder Dienstleistungen, Vorankündigungen besonderer Bekanntgaben, Beta-Versionen von Produkten, die noch nicht auf dem Markt sind, oder spezielle Rabattaktionen, die nur mit dem Influencer veranstaltet werden. Hier liegen die klassischen Regeln der Mund-zu-Mund-Propaganda zugrunde (siehe Kapitel 1.3).

Marketingentscheider stehen am Ende immer vor der wichtigen Frage: Biete ich meinem Influencer Geld für seine Leistung? Einer Umfrage zufolge sind neun von zehn Bloggern dazu bereit, gegen Geld oder Sachleistungen Produkte zu bewerben, vorausgesetzt sie passen zu ihren üblichen Inhalten bzw. Themen und der Influencer kann sich mit dem Produkt selbst – zumindest am Rande – identifizieren. Ein grundsätzliches Interesse an kommerziellen Kooperationen mit Unternehmen ist also vorhanden (vgl. Gerstenberg und Gerstenberg 2017, S. 14f.).

Obwohl der Trend im Moment stärker in Richtung bezahlte Inhalte geht, ist in einigen Fällen eine Bezahlung sogar kontraproduktiv bzw. gar nicht notwendig, zum Beispiel bei:

[1] Bloggern oder YouTubern, die hauptsächlich Meinungen verbreiten und inhaltlich diskutieren. Diese Influencer wollen ihre Glaubwürdigkeit nicht durch Honorare verlieren.

[2] klassischen Fans, die derart von einem Unternehmen oder einem Produkt überzeugt sind, dass allein die Assoziation damit und die Möglichkeit, Teil einer besonderen Gemeinschaft zu sein, als Anstoß für aktives Empfehlungsverhalten ausreichen.

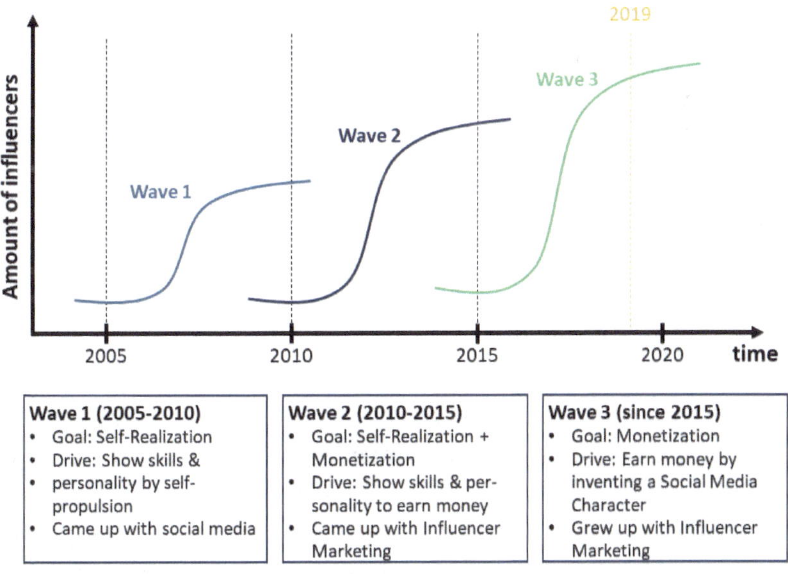

Abbildung 9: The 3 waves of influencers. Quelle: vgl. Hof 2018, S. 19

Die Einteilung in drei „Influencer-Wellen" von Pascal Hof und Constantin Schiller (Agentur Schillerhof, Abbildung 9) kann dabei eine erste grobe Orientierung geben. Sie zeigt verschiedene Generationen von Influencern, die ein unterschiedlich intensives Interesse an Monetarisierung haben.

Eine weitere Überlegung bezüglich der Incentivierung ist die Unterscheidung in hauptberufliche und nebenberufliche Influencer. Für einen Hobby-Influencer steht zum Beispiel ein finanzieller Vorteil nicht so sehr im Fokus wie persönliches Interesse und der Spaß an der Geschichte. Dieser Fokus kann sich natürlich mit der Zeit verändern.

2.3 Typologisierung und Abgrenzung

Im gesellschaftlichen Diskurs wird der Begriff Influencer schnell mit Instagram gleichgesetzt oder vielleicht noch mit YouTubern wie LeFloid, Rezo oder Bibi, die aus der Berichterstattung traditioneller Medien bekannt sind. Influencer so in eine bestimmte Schublade zu stecken ist unzureichend und wird der tatsächlichen Vielfalt nicht gerecht. Im Folgenden sollen deshalb verschiedene Typologisierungen betrachtet und eingeordnet werden.

Wie schon ausgeführt, ist eine wichtige Eigenschaft von Influencern, dass sie Trendsetter sind, immer aktuell und den anderen einen Schritt voraus. Visionäre und Neugierige, die gerne neue Erfahrungen machen und Dinge ausprobieren, sind Vorbild und geben Rat und Orientierung. Influencer nutzen nicht nur ihren Wissensvorsprung in ihrer Nische, sondern auch aktiv die neuesten Funktionen der sozialen Plattformen. Deshalb lohnt sich ein Blick auf die **‚Rogers Curve'** – eine etablierte Adoptionstheorie zur Diffusion von Innovationen (siehe Abbildung 10). Rogers' Theorie definiert fünf Kategorien von ‚Adoptierenden':

- **Innovatoren (‚Innovators'):** eine kleine, aber stark vernetzte Gruppe; risikofreudig, abenteuerlustig, nicht preisempfindlich und immer neugierig auf Neues und Exotisches.
- **Erstanwender (‚Early Adopters'):** kompetente Ratgeber mit hoher sozialer Stellung auf der Suche nach Verbesserung; neu-

gierig, leicht verführbar und nur wenig empfindlich, was den Preis angeht.

- **Die frühe Mehrheit (‚Early Majority'):** Pragmatisten, die überlegt entscheiden (bevorzugt anhand der Empfehlung einer vertrauten Person); auf der Suche nach qualitativ hochwertigen Produkten zu vernünftigen Preisen.
- **Die späte Mehrheit (‚Late Majority'):** skeptische und vorsichtige Personen; nur schwer von neuen Dingen zu überzeugen; suchen nach fertigen Lösungen ohne Risiko.
- **Die Nachzügler (‚Laggards'):** die letzten, die eine Innovation annehmen – meist erst dann, wenn sie schon nicht mehr neu ist (vgl. Tropp 2014, S. 551f.).

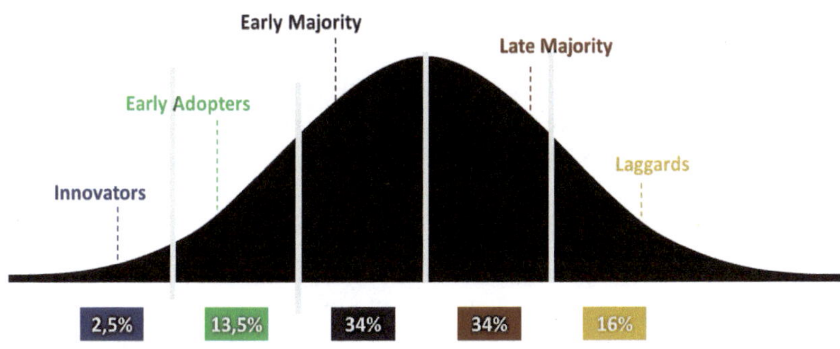

Abbildung 10: Rogers Curve: Innovation Adopter Categories.

Influencer können eindeutig den Innovatoren und den Early Adoptern zugeordnet werden. Aber Achtung: Nicht jeder Innovator/Early Adopter ist auch gleichzeitig ein Influencer, der bewusst seine Meinung und Empfehlung über digitale Medien mit der Außenwelt teilt.

Neben der Einordnung in die Rogers Curve gibt es verschiedene Ansätze, Influencer zu klassifizieren bzw. zu typologisieren. Ganz grundsätzlich lassen sich zum Beispiel Freunde, Fans, Medien und Berühmtheiten unterscheiden. Freunde und Familie bzw. Menschen, denen man vertraut, haben in der Regel den größten Einfluss. Prominente und Medien verfügen über eine größere Reichweite und oft auch über einen höheren Expertenstatus.

Schüller unterscheidet weiterhin zwischen ‚beziehungsstarken Multiplikatoren' und ‚einflussnehmenden Meinungsführern'. **Multiplikatoren** sind Menschen, die ein starkes Netzwerk mit gut gepflegten Bindungen zu vielfältigen Personengruppen haben. Sie sind kommunikativ, lieben Abwechslung, wollen auf ihre Art die Welt mitgestalten und dabei vor allem Spaß haben und sich vielleicht auch ein bisschen wichtig fühlen. Inhalte, die sie verbreiten, bzw. Tipps, die sie geben, entwickeln sich nicht selten zu Hypes. **Meinungsführer** hingegen kennzeichnen sich vor allem durch ihre Autorität, ihr Detailwissen und ihr Expertentum in bestimmten Themengebieten. Sie pflegen ihre Reputation und wählen sorgfältig ihre Inhalte, weshalb sie besonders glaubwürdig sind und kaum in Frage gestellt werden. Meinungsführer sind demnach schwerer für Kooperationen mit Unternehmen zu gewinnen als Multiplikatoren, weil sie selektiver vorgehen (vgl. Schüller 2015, S. 191–192).

Wie in Kapitel 1.3 angedeutet, kann zudem zwischen **Connectors, Mavens** und **Salesmen** unterschieden werden.

- Connectors haben, ähnlich wie die ‚Multiplikatoren', ein umfangreiches Netzwerk und bewegen sich in den unterschiedlichsten sozialen Netzwerken. Ihre Spezialität ist es, anderen einen Gefallen zu tun, der bei Gelegenheit eingelöst werden kann.
- Die sogenannten Mavens sind ‚Herren des Wissens': Sie sind bereit, ihr besonderes Wissen zu teilen, wodurch sie auf die Kaufentscheidungen anderer Einfluss nehmen.
- Salespeople sind schlichtweg Verkäufer – motiviert von finanziellen Anreizen und mit einer überdurchschnittlich hohen Überzeugungskraft ausgestattet (vgl. Gladwell 2005, S. 33).

Häufig ist auch von ‚**Opinion Leader**' die Rede. Ein Opinion Leader vereint zahlreiche Eigenschaften eines Influencers in sich:

- Expertentum in einem Themenbereich;

- sozial sehr aktiv und stark vernetzt;
- kauft bzw. testet früh neue Produkte.

Allerdings gilt die Besonderheit, dass der Opinion Leader den Menschen, die er beeinflusst, sehr ähnlich ist. Er vertritt häufig dieselben Werte und gehört im Grunde zur selben Gesellschaftsschicht wie seine Follower. Mehrere Studien haben ergeben, dass nur ca. zehn Prozent der Menschen Opinion Leader sind, die von den restlichen 90 Prozent regelmäßig um Rat gefragt werden (vgl. Marsden 2010b, S. 7, vgl. Nyilasy 2010, S. 176; vgl. Cakim 2010, S. 107f.). Opinion Leader sind besonders stark von thematischen Kategorien abhängig (siehe Abbildung 11). Neben dem Involvement (Wissen, Interesse und Aktivität) in der entsprechenden Kategorie ist auch die Persönlichkeit des Opinion Leaders von Bedeutung – sprich: Überzeugungskraft und Charisma.

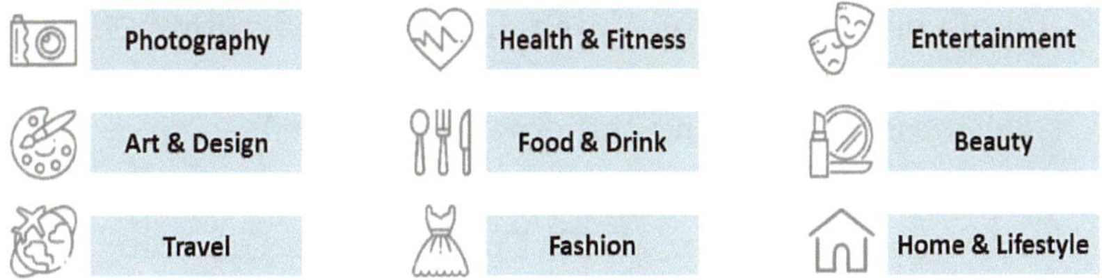

Abbildung 11: Influencer nach Themen-Clustern

Eine Sonderstellung unter den Influencern nehmen Fans ein, die von einer Marke, einem Produkt oder einem Unternehmen so begeistert sind, dass sie sogar offensichtliche Nachteile in Kauf nehmen (wie zum Beispiel hohe Preise). Fans möchten ihre emotionale Begeisterung mit ihrer Umwelt teilen, wodurch sie selbst zum Verbreiter von Markenbotschaften werden. Tatsächlich sind Fans talentiert darin, Marketingbotschaften in eine Sprache zu übersetzen, die von anderen Konsumenten besser verstanden wird. Weil Fans oft das Bedürfnis haben, andere von ihrer Meinung zu überzeugen, nennt man sie im Englischen auch **‚Advocates‘** oder **‚Evangelists‘** (dt. Prediger, begeisterter Verfechter).

Die Word of Mouth Marketing Association (WOMMA) unterscheidet zwischen fünf Typen von Influencern, in die sich die meisten der oben genannten Definitionen und Unterscheidungen einordnen lassen:

[1] ‚**Advocates**'. Damit sind loyale Fans einer Marke gemeint. Hierunter fallen also auch die sogenannten Evangelists.

[2] ‚**Ambassadors**'. Ein Ambassador ist ein Unternehmens- oder Markenbotschafter, was sowohl Corporate Influencer (eigene Mitarbeiter) als auch langfristig ans Unternehmen gebundene Influencer einschließt.

[3] ‚**Citizen Influencer**'. Mit Citizen Influencer beschreibt die WOMMA Menschen, die aufgrund ihrer starken Vernetzung off-line oder online in sozialen Medien Einfluss gewonnen haben – ähnlich also wie ‚Multiplikatoren', ‚Connectors' oder ‚Social Stars'.

[4] ‚**Professionals/Occupational Influencer**'. Hiermit sind Menschen gemeint, die durch ihren Beruf oder ihre Karriere einen starken Einfluss erreicht haben, z.B. Steve Jobs (vergleichbar mit Meinungsführern oder ‚Mavens').

[5] ‚**Celebrity Influencer**'. Celebrities sind die klassischen Berühmtheiten aus Film, Musik, Sport etc. (vgl. Grabs und Sudhoff 2014, S. 231).

Die zahlreichen Typen – sowie die Arbeit mit Influencern in der Praxis – zeigen deutlich: ‚Influencer' ist als Sammelbegriff zu verstehen, der ausdifferenziert werden muss. Dabei sind die Grenzen nicht immer klar erkennbar – wenn zum Beispiel ein Journalist in den sozialen Medien aktiv ist oder bloggt, ist er dann ein Influencer, ein Journalist, oder beides? Grundsätzlich spannen sich die verschiedenen Typen von Influencern zwischen zwei Extremen auf: den Social Stars, die Lifestyle-Themen bespielen und den redaktionellen Themen-Bloggern, die mit journalistischem Anspruch Inhalte publizieren.

Eine bekannte **Social Influencerin** ist Bianca ‚Bibi' Claßen (geb. Heinicke) mit ihrem YouTube-Kanal ‚BibisBeautyPalace', der Themen wie Kosmetik, Mode, Lifestyle und Popkultur für eine junge Zielgruppe (Teenager) bedient. Mit mehr als 5,6 Millionen Abonnenten gehört Bibi zu den größten YouTube-Stars in Deutschland (August 2019).

Ein echter **Themenkanal** ist zum Beispiel Ausfahrt.tv (August 2019 knapp 190.000 Abonnenten) von Jan Gleitsmann. Der Autoliebhaber dreht ehrliche, sehr lange Video-Kaufberatungen nach einem festen Format, damit auch der Vergleich zweier Autos möglich ist. Auf seinem zweiten Kanal Ausfahrt.tv plus (ca. 10.000 Abonnenten) gewährt er zusätzlich Blicke hinter die Kulissen und beantwortet Fragen abseits der Kaufberatung.

Abbildung 12 stellt eine Übersicht der typischsten Charakteristika dar. Die aufgelisteten Eigenschaften sind nicht als abschließend zu verstehen. Selbstverständlich ist jeder Influencer individuell und zwischen den beiden Extremen gibt es viele Mischformen. Selbst vielen Influencern fällt es schwer, sich einzuordnen – oder sich gar selbst Influencer zu nennen. Vor allem redaktionell ausgerichtete Influencer wissen oft selbst nicht genau, ob sie sich als Blogger, YouTuber, Influencer, Content Creator oder Journalisten bezeichnen sollen.

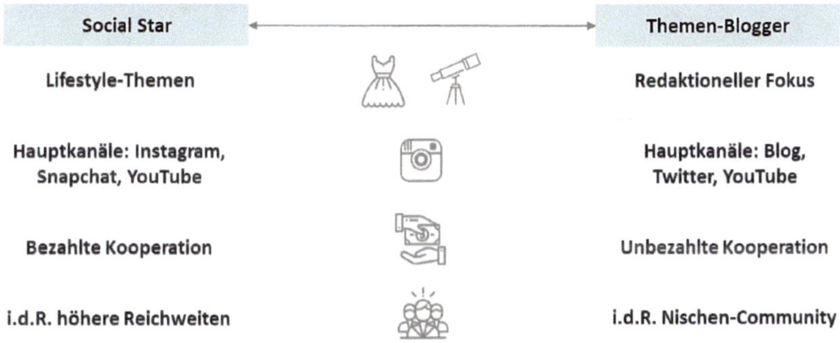

Abbildung 12: Social-Star vs. Themen-Blogger

Zwischen den unterschiedlichen Einordnungen durch Schüller, Gladwell oder die WOMMA bestehen teilweise Überschneidungen und Ähnlichkeiten. Die nachfolgende Grafik (Abbildung 13) stellt einen Versuch dar, diese und weitere Arten von Influencern bezüglich ihres Themenschwerpunktes und ihrer Followerzahl einzuordnen.

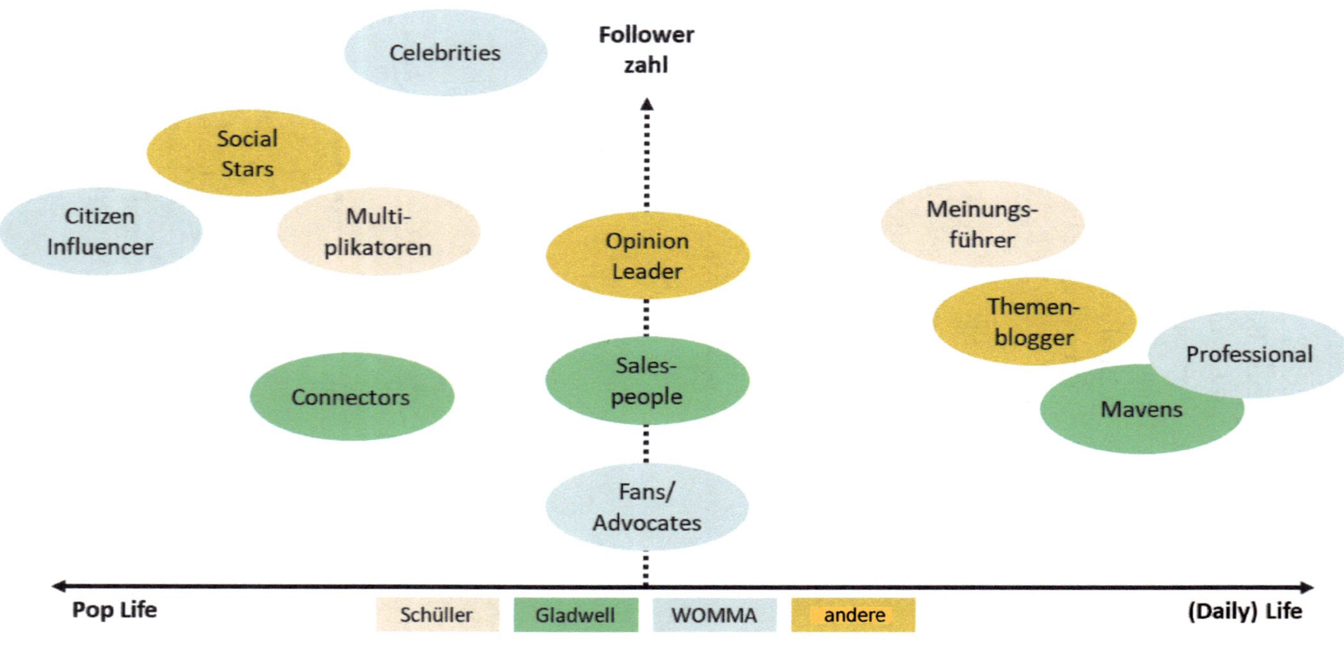

Abbildung 13: Grobe Einordnung verschiedener Arten von Influencern nach Followerzahl und Themenschwerpunkt

Exkurs | Social Influencer und die Popkultur

Wie in Kapitel 1.4 bereits ausgeführt, sind die Grundbedürfnisse der meisten Konsumenten in Industrienationen heute bereits erfüllt. Damit einher geht eine Verschiebung der Prioritäten im Alltag Richtung „Pop Life".

„**Life:** those moments, people, places, and things that reflect and shape the consumer's identity - my family, my friends, my beliefs, my values, my hopes and fears, my needs, my emotions, etc.

Pop life: those moments, people, places, and things that reflect and shape the consumer's image - my desires, my tastes, my experiences, my hobbies and habits, my environment, etc." (Schuyler 2010, S. 219)

Diese Entwicklung machen sich Social Stars zu Nutze. D.h. vor allem die Influencer, die auf den ersten Blick vermeintlich „kein Talent" oder „keine Inhalte" haben, und trotzdem Tausende oder sogar Millionen von Fans hinter sich versammeln, verstehen es, mit den Bewegungen der Popkultur zu arbeiten. Auch dieses Phänomen ist nicht neu – Persönlichkeiten wie Madonna oder Marken wie Apple sind mit solch einer Strategie sehr erfolgreich geworden. In einer Gesellschaft, die immer auf der Suche nach dem nächsten neuen Trend ist, kann allerdings keine Marke permanent Buzz kreieren, d.h. in der Popkultur ganz oben stehen.

Das globale Agenturnetzwerk „Euro RSCG" (heute unter dem Namen der Dachgesellschaft „Havas Worldwide") hat ein Modell entwickelt, das Unternehmen helfen soll, den natürlichen Kreislauf von „Hot Spot" zu „Mainstream Mania" zu „Commodity" und wieder zurück zum Hot Spot zu navigieren (siehe Abbildung 14, vgl. Schuyler 2010, S. 223). Was für Unternehmen gilt, gilt auch für Influencer, deren Konzept auf dem Pop Life-Prinzip basiert: Sie müssen sich immer wieder neu erfinden, um zurück zum Hot Spot zu gelangen.

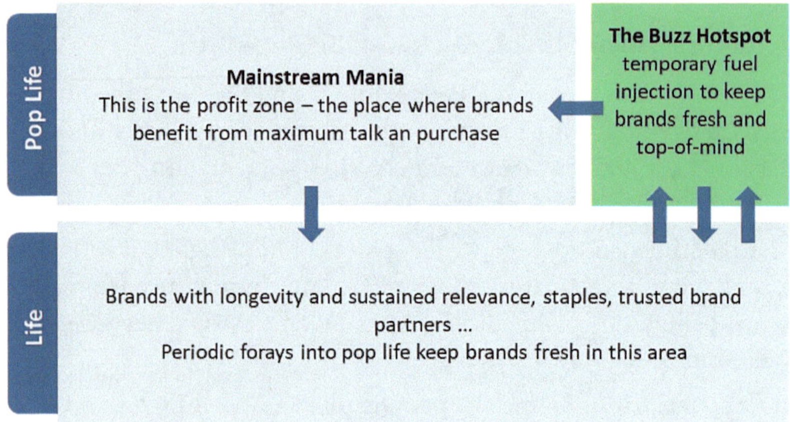

Abbildung 14: Pop Life and the Buzz Momentum
Quelle: vgl. Schuyler 2010, S. 223

3 Eigenschaften als Kommunikationsform

In diesem Kapitel erfahren Sie:

- was Influencer Marketing ist,
- wie es mit anderen Marketingformen zusammenhängt,
- was am Influencer Marketing kritisiert wird.

3.1 Influencer Marketing und Relations

Nach der Betrachtung und Definition des Influencers als Person und Rolle, steht im Folgenden die Disziplin des Influencer Marketings im Zentrum dieses Kapitels. Basierend auf der Definition des Influencers in Kapitel 2.1 kann für das Influencer Marketing Folgendes abgeleitet werden:

Influencer Marketing ist der Versuch eines Unternehmens, wichtige Meinungsmacher im Internet zu identifizieren und deren Einfluss und Reichweite zum eigenen Zweck zu nutzen, indem es diese dazu motiviert oder dafür entlohnt, Markenbotschaften mit ihren Zielgruppen zu teilen.

Im strategischen Sinne ist Influencer Marketing die „Planung, Steuerung und Kontrolle des gezielten Einsatzes von Social-Media-Meinungsführern und Multiplikatoren, um durch deren Empfehlungen die Wertigkeit von Markenbotschaften zu steigern und das Kaufverhalten der Zielgruppe positiv zu beeinflussen." (Deges 2018).

Die Idee bzw. das primäre Ziel des Influencer Marketings ist also, dass durch die Auseinandersetzung des Influencers mit bestimmten Produkten in seinen Posts die Follower zu einer gewissen Handlung (beispielsweise einem Kauf) inspiriert werden. Das Spektrum dieser möglichen Reaktionen ist dabei sehr vielfältig.

Im optimalen Fall führt die Beeinflussung direkt zu einer „Action“, also einem Kaufprozess. Ebenso gut kann aber auf der psychologischen Ebene das Entstehen eines Markenimages gefördert werden. Offen sichtbare Reaktionen sind das Liken, Teilen oder Kommentieren von Inhalten.

So vielfältig wie die möglichen Reaktionen sind deshalb auch die Ziele, die ein Unternehmen mit Influencer Marketing verfolgen kann. In Kapitel 4 werden verschiedene Zielsetzungen und strategische Anwendungsfelder genauer beleuchtet. Eines vorweg: Ganzheitliches bzw. strategisches Influencer Marketing bedeutet nicht, Tweets und Posts von Prominenten einzukaufen. Es bedeutet vielmehr, langfristige Beziehungen mit einflussreichen Meinungsführern aufzubauen und eine starke Bindung zum Unternehmen bzw. der Marke herzustellen.

Das Besondere am Influencer Marketing und Influencer Relations ist, dass ein „externer Dritter“ außerhalb des Unternehmens bzw. der Marke Inhalte erstellt und verbreitet. Influencer Kommunikation ist also immer mit einem Kontrollverlust verbunden und mit einem Umdenken – denn streng genommen, handelt es sich hier nicht mehr um ein Werbemittel. Es wird kein fester oder dynamischer Werbeplatz gebucht für ein Werbemittel, das vorher vom Unternehmen beauftragt, erstellt und/oder freigegeben wurde. Dennoch sollte auch diese Marketingform immer auf Basis bestimmter Kennzahlen entlang einer durchdachten Strategie umgesetzt werden.

Influencer Relations

Ein häufig synonym verwendeter Begriff sind die „Influencer Relations“. Achtung: Es existieren verschiedene Interpretationen des Begriffs Relations im Zusammenhang mit Influencern.

[1] **Influencer Relations im Sinne der Public Relations** (Pressearbeit): Der klare Unterschied zum (häufig bezahlten) Influencer Marketing ist in dieser Interpretation die Ähnlichkeit zu den klassischen Public Relations mit Journalisten: Das Unternehmen versucht eine Erwähnung der Marke oder des

Produkts auf den digitalen Kanälen des Influencers zu erreichen, ohne dass dabei eine monetäre Entlohnung stattfindet. Es gibt weder eine Bezahlung noch besteht ein vertraglicher Zwang, über das Produkt oder die Marke zu berichten. Es kann allerdings vorkommen, dass Influencer ähnlich wie Journalisten oder sogar mit ihnen gemeinsam zu Veranstaltungen eingeladen werden oder die Möglichkeit bekommen, ein Produkt kostenfrei zu testen.

[2] **Influencer Relations im weiteren Sinne** haben das Ziel, eine langfristige Zusammenarbeit geprägt von Dialog und Tiefe aufzubauen – von der Kontaktaufnahme bis zum Beziehungsmanagement. Das Anbahnen und Pflegen von langfristigen Beziehungen auf persönlicher Ebene zwischen Marke und Influencer ist sowohl für die Anwendung im Marketing und der Werbung als auch in den Public Relations relevant (mehr zu strategischen Ansätzen im Influencer Marketing im Kapitel 4).

3.2 Abgrenzung zu anderen Marketingformen

> „As for every fashionable new marketing technique, it's highly tempting to add a ‚viral' here and a ‚buzz' there. A brand new field, some weak definitions and you end up with general confusion as to what the activities really are and what to expect from them." (Allard 2010, S. 198)

Agenturen, Unternehmen, die Presse und auch die Wissenschaft verwenden digitale Marketingbegriffe häufig synonym. Dieses Kapitel dient deshalb der Abgrenzung des Begriffs Influencer Marketing in verschiedene Richtungen.

Connected Marketing

Kirby und Marsden (2010) umgehen die Begriffsproblematik, indem sie einen neuen Sammelbegriff für alle viralen, Buzz oder Word of Mouth-Marketingformen gebildet haben: Connected

Marketing. Er vereint alle strategischen, werbenden bzw. verkaufsfördernden Maßnahmen, die Word of Mouth-Effekte nutzen und in der Zielgruppe oder dem Zielmarkt Gespräche auslösen, die einen Mehrwert für die Marke bieten. Dabei gibt es zwei grundverschiedene Ansätze:

[1] **Advertising** ist, wie der Name schon sagt, ein werblicher Ansatz vergleichbar mit einer klassischen Anzeigenkampagne, bei dem eine Marken- oder Werbebotschaft entwickelt und mithilfe von Multiplikatoren und den Endkunden selbst verbreitet werden soll – in der Regel mit dem Ziel, kurzfristig Aufmerksamkeit zu generieren. Unter diesen Ansatz fallen also zum Beispiel das Viralmarketing und das Buzz Marketing.

[2] **Relationships** (oder Beziehungsmanagement) beschreiben einen strategischeren Ansatz, der auf den langfristigen Aufbau von Beziehungen mit einflussreichen Konsumenten abzielt. Hierzu zählen deshalb primär das Influencer Marketing und das Evangelist Marketing. Influencer Marketing kann demnach als ein Aspekt von Connected Marketing verstanden werden.

Online Public Relations

Die Öffentlichkeitsarbeit (= Public Relations oder PR) hat zum Ziel, das Image eines Unternehmens bzw. die Beziehung zwischen einem Unternehmen und seinen Stakeholdern (inklusive den Kunden) zu pflegen, zu verstehen und positiv zu beeinflussen. In diesem Sinn gibt es also Überschneidungspunkte zwischen Influencer Marketing und PR, denn sie stehen vor derselben Frage: Mit welchen Mitteln kann das Unternehmen eine bestimmte Personengruppe (Influencer oder Journalisten zum Beispiel) dazu motivieren, ein Thema aufzugreifen, darüber zu berichten und es zu verbreiten?

Goodkind (2010, S. 84) definiert hierzu fünf Aspekte der ‚Buzzworthiness‘ oder ‚Talkability‘:

[1] aktuelle Standards bzw. das Abweichen von selbigen;

[2] erfolgreiche visuelle Reize;

[3] globale Trends;

[4] die Wahrnehmung des Unternehmens von außen

[5] und die Alleinstellungsmerkmale eines Produktes.

Die **Online-PR** stellt letztlich die Verlängerung der klassischen Presse- und Öffentlichkeitsarbeit in die digitale Medienwelt dar und beinhaltet als wesentliche Disziplin das Pflegen sozialer Beziehungen im Internet. In der Praxis tauchen hierzu Begriffe wie „Social Relations", „Influencer Relations" oder „Blogger Relations" auf. Im Prinzip beschreiben jedoch all diese Begriffe die gleiche Aufgabe: den Kontaktaufbau und die Beziehungspflege zu digitalen Multiplikatoren und Meinungsführern.

Social Media Marketing

Sowohl Sammis et al. (2016) als auch Schwab (2017) beschreiben Influencer Marketing als eine Form des Social Media Marketings.

> Tropp (2014, S. 559) definiert **Social Media Marketing** als „WOM-Marketingform, bei der Internet-Plattformen genutzt werden, die primär der Interaktion von Nutzern und der Präsentation sowie Weiterverarbeitung von nutzergenerierten Inhalten dienen."

Konkret geht es also darum, auf interaktiven Online-Plattformen aufzutreten, eigene Online Communities zu managen und Unternehmensprofile in sozialen Medien zu pflegen.

Soziale Medien üben in dem Sinne natürlich keinen direkten Einfluss aus – sie bieten allerdings den tatsächlich einflussreichen Content-Erstellern die nötige Infrastruktur, um ihre Inhalte zu veröffentlichen und zu verbreiten. Das Influencer Marketing macht sich mehrere der Funktionen von Social Media zu Eigen (vgl. Gerstenberg und Gerstenberg 2017, S. 3f.), zum Beispiel:

- die Möglichkeit für jeden Nutzer, sogenannten User Generated Content zu veröffentlichen (‚Publishing');
- die Option, Inhalte zu teilen (‚Sharing');

- und die Eigenschaft, dass sich Internetnutzer in großen und kleinen Interessensnetzwerken und Communities zusammenfinden (‚Networking‘).

Word of Mouth Marketing und Empfehlungsmarketing

> **Word of Mouth (WOM)** oder auch Mund-zu-Mund-Propaganda kann definiert werden als die „informelle Kommunikation zwischen (potentiellen) Konsumenten über Produkte und Dienstleistungen“ (Lis und Korchmar 2013, S. 5) bzw. die „Abgabe von positiver und negativer Information über wahrgenommene Merkmale eines Anbieters oder einer Anbieterleistung durch einen nicht-kommerziell interessierten Kommunikator.“ (Wangenheim 2003, S. 55)

In der logischen Schlussfolgerung kann Word of Mouth niemals vollständig von einem Unternehmen kontrolliert werden. Mund-zu-Mund-Propaganda existiert in direkter Form (im persönlichen, telefonischen oder schriftlichen Dialog) und indirekter Form (z.B. Bewertungen, Rezensionen, Erfahrungsberichte in Onlineshops oder Blogs).

> Von **Word of Mouth Marketing** wird allerdings erst gesprochen, wenn ein Unternehmen in irgendeiner Form auf die Kommunikation zwischen den Konsumenten einwirkt oder versucht, für derartige Begegnungen Raum zu schaffen.

Ziel des WOM-Marketings ist es, Empfehlungen auszulösen und generell die Reputation und Bekanntheit des Marketinggegenstandes[2] zu steigern, um in der Folge Abverkäufe zu generieren.

---

[2] Der Begriff Marketinggegenstand dient im Folgenden als Zusammenfassung für alles, was im Zentrum einer Kampagne oder Marketingmaßnahme stehen könnte, z.B. die Marke selbst (Image), ein Produkt, eine Dienstleistung, ein Event.

Bohrer beschreibt in ihrer Arbeit traditionelle Instrumente wie Empfehlungsprogramme, Seeding-Kampagnen oder den Einsatz bezahlter Buzz Agents auf der einen Seite und neuere, ausschließlich internetbasierte Ansätze wie virale Marketingkampagnen und Social Media Marketing auf der anderen Seite (vgl. Bohrer 2013, S. 3).

Influencer Marketing ist insofern dem Word of Mouth-Marketing ähnlich, als dass die Gespräche zu großen Teilen von Meinungsführern getrieben und geprägt sind. Allerdings schließt WOM auch unabsichtliche, zufällige Äußerungen mit ein, was auf das Influencer Marketing so nicht zutrifft.

Die Begriffe WOM-Marketing und Empfehlungsmarketing werden häufig synonym verwendet. Letztendlich ist Empfehlungsmarketing der ältere Begriff und beschreibt das grundlegende Prinzip des Marketings, mit geeigneten Maßnahmen oder Mitteln möglichst zahlreiche positive Empfehlungen zu stimulieren, um langfristig wirtschaftliche Ziele zu erreichen. Der Unterschied zum WOM-Marketing besteht unter anderem darin, dass Empfehlungsmarketing weniger als Kampagne denn als stetigen Prozess zu verstehen ist. WOM-Marketing ist demnach eine Teilmenge des Empfehlungsmarketings und Influencer Marketing ist eine spezielle Form des WOM-Marketings.

Buzz Marketing

Beim **Buzz Marketing** wird ein spezieller ‚Aufhänger' (zum Beispiel ein Event oder eine Botschaft) bewusst eingesetzt, um online und offline Konsumenten und die Medien dazu zu bewegen, über ein Produkt oder eine Kampagne zu sprechen.

Hughes (zit. nach Grabs und Sudhoff 2014, S. 257) hat in diesem Zusammenhang die ‚six buttons of buzz' identifiziert, die in der Regel zuverlässig für Gesprächsstoff sorgen:

- Tabus (Lügen, Intrigen, Anstößiges);
- Überraschendes;

- Abscheuliches (Shock Marketing);
- Humorvolles;
- Außergewöhnliches;
- Geheimnisvolles.

Ein Merkmal des Buzz Marketings ist, dass Unternehmen häufig sogenannte Buzz Agents engagieren – stark vernetzte, motivierte Konsumenten, die mehr oder weniger professionell versuchen, Produkte oder Kampagnen ungezwungen in Gespräche einfließen zu lassen, um auf diesem Weg zum Beispiel neue Produkte im Markt zu platzieren. Diese Buzz Agents können mithilfe spezialisierter Werbeagenturen und WOM-Plattformen oder über themenspezifische Communities gefunden werden. In gewissem Kontext könnten auch Influencer als Buzz Agents verstanden bzw. eingesetzt werden. In der Regel arbeitet man aber im Buzz Marketing mit „normalen" Konsumenten.

> Auf der Plattform ‚trnd' (the real network dialogue) sind mehr als 700.000 deutsche Mitglieder mit einem Interessensprofil registriert. International sind es 2,6 Millionen. Die identifizierten Personen bekommen vom Unternehmen eine Art Starterpaket, teilen Gutscheine und Erfahrungen mit ihrem Netzwerk und berichten regelmäßig über ihre Aktivitäten auf ihren eigenen (Social Media-) Kanälen.

Viralmarketing

Das virale Marketing oder Viralmarketing verdankt seinen Namen der außergewöhnlichen Schnelligkeit und exponentiellen Wirkung, mit der sich die Marketingbotschaft flächendeckend und epidemisch im Internet oder darüber hinaus verbreitet.

Wie bei einem Virus ist allerdings nicht nur die (fürs Marketing positive) explosionsartige Verbreitung ein Merkmal des viralen Marketings, sondern auch die Gefahr, dass die Effekte weder planbar, noch in eine positive oder negative Richtung steuerbar und schon gar nicht zu stoppen sind.

> Paradebeispiel und in gewisser Weise auch ein Meilenstein ist ‚Hotmail', das E-Mail-Angebot von Microsoft, das sich in den 1990er-Jahren innerhalb von nur 18 Monaten von null auf zwölf Millionen Nutzer katapultierte – und das hauptsächlich dadurch, dass unter jeder versendeten E-Mail automatisch die Aufforderung erschien, sich den eigenen, kostenlosen Account zu sichern (vgl. Kirby 2010b, S. 89).

Das virale Marketing fußt also insgesamt weniger auf hoch vertrauenswürdigen Empfehlungen, die lang überlegt sind, sondern eher auf kurzfristigen und situativen Gelegenheitsempfehlungen.

Primäre Zielsetzung einer Viralkampagne ist immer die Steigerung der Markenbekanntheit, oftmals ergänzt durch die Motivation, Kundendaten für eine spätere erneute Ansprache zu gewinnen. Ähnlich wie Hughes' ‚six buttons of buzz' funktionieren auch beim viralen Marketing vor allem unterhaltsame, neue, sensationelle, geheimnisvolle oder nützliche Geschichten sowie Gewinnchancen. Es begünstigt die Situation außerdem, wenn für den Nutzer durch das Teilen eines viralen Inhalts weder Kosten noch ein unbequemer Aufwand entstehen und vielleicht sogar eine kleine Belohnung für den Nutzer herausspringt (zumindest in Form sozialer Anerkennung).

Grundsätzlich können auch Influencer-Kampagnen viral gehen – allerdings gibt es hierfür mehr Negativbeispiele als positive, z.B. die #coralliebtdeinewäsche-Kampagne vom Waschmittelhersteller Coral. Der Großteil der Instagram-Bilder wirkte so offensichtlich gestellt, dass zahlreiche Online- und Branchenmagazine das Thema aufgriffen und über die „peinlichste Instagram-Kampagne des Jahres" (Mierau 2017) berichteten. In kürzester Zeit dominierten Parodien das Internet. Ob diese Negativ-Spirale bewusst in Kauf genommen wurde, ist nicht bekannt (mehr dazu in Kapitel 6).

Seeding-Kampagnen

Aber selbst eine gute virale Idee kommt nicht gänzlich ohne Mediabudget aus. Strategisch ist es sinnvoll, die Distribution einer viral angesetzten Botschaft über Influencer zu planen und mit einem aktiven Seeding und selektiv eingekaufter Medialeistung zu kombinieren, damit eine kritische Masse – im Prinzip der in Kapitel 1.4 angesprochene Tipping Point – erreicht wird.

Das **Seeding** ist die strategische Erstplatzierung einer Botschaft bei einflussreichen Konsumenten, die das Produkt, Produktproben, Vorschauen oder ähnliches bekommen und vor dem Hintergrund der Forschung um ihre Meinung zur Vermarktung des Produktes gebeten werden.

Das Einbeziehen in den Marketingprozess kreiert Wohlwollen, Loyalität und Befürwortung sowie ein gewisses Verantwortungsgefühl (‚sense of ownership') bei den Teilnehmern, was eine Weiterverbreitung wahrscheinlicher macht. Im Grunde genommen funktionieren Seeding-Kampagnen so, dass sie Meinungsführer in treue Markenbotschafter verwandeln, in dem sie den sogenannten Hawthorne-Effekt nutzen.

> Die Hawthorne-Experimente fanden heraus, dass die Teilnehmer einer exklusiven Forschungsgruppe durch die erhaltene besondere Aufmerksamkeit eine derart positive emotionale Bindung entwickelten, dass der eigentliche Inhalt des Tests vollkommen irrelevant wurde: „The practical upshot was that the research trials effectively transformed the research participants into advocates for whatever it was they were trialling." (Marsden 2010b, S. 6)

Die Literatur unterscheidet passives von aktivem Seeding. Beim passiven Seeding wird darauf gehofft, dass die Botschaft von der Zielgruppe selbst entdeckt wird. Es wird allerhöchstens eine Nachricht an bestehende Kunden oder andere bestehende Kontakte geschickt. Das aktive Seeding ist strategisch ausgerichtet und bringt die Marketingbotschaft gezielt in Umlauf. Influencer und einflussreiche oder hoch involvierte Mitglieder der Zielgruppe werden dafür direkt angesprochen.

Weitere Maßnahmen eines aktiven Seedings sind zum Beispiel

- die Platzierung der Botschaft auf beliebten digitalen Plattformen wie YouTube;
- die Nutzung unternehmenseigener Kanäle oder von Microblogging-Diensten wie Twitter;
- sowie exklusive Benachrichtigungen für ausgewählte, themenaffine Influencer.

Evangelist Marketing

In Kapitel 2.3 wurde bereits die besondere Stellung der Markenfans – auch Evangelists oder Advocates – erwähnt. Dementsprechend beschreibt Evangelist Marketing die Transformation vom loyalen Kunden zum aktiven Markenbotschafter nicht aufgrund einer hohen Reichweite oder Vernetzung, sondern aufgrund einer uneingeschränkt positiven Erfahrung mit dem Produkt.

Evangelist Marketing macht das Wohlwollen und die Energie, die sowieso bereits im Markt existieren, für die Marke nutzbar. Das gelingt zum Beispiel über personalisierte Merchandise-Artikel oder andere Maßnahmen, die dem Fan signalisieren: Du bist ein wichtiger Teil der Markenfamilie. Eine weit verbreitete Maßnahme sind klassische Kunden-werben-Kunden-Programme, bei denen sowohl der werbende Evangelist als auch die gewonnenen Neukunden belohnt werden.

Vogelaar hat ein Modell entwickelt, mit dem potenzielle ‚Brand Advocates' identifiziert und unterstützt werden können – ODILIA, ein Akronym für:

Orientation	Influencer recherchieren
Definition	Influencer identifizieren
Invitation	Influencer ansprechen/einladen
Listening	dem Influencer zuhören/nach seinen Erfahrungen fragen
Interpretation	Begeisterung und Reaktionen seines Umfeldes analysieren
Assisting	Influencer in ihrer Arbeit unterstützen

Abbildung 15: Modell zur Identifikation von Brand Advocates.
Quelle: nach Vogelaar 2011, S. 127

3.3 Der Paid, Owned, Earned-Ansatz

Goodall führte die Unterscheidung in Paid, Owned und Earned Media im Jahr 2008 ein. Er war zu der Zeit beim Handyhersteller Nokia angestellt und nutzte das Modell, um die aufkommenden digitalen Medien besser einordnen zu können.

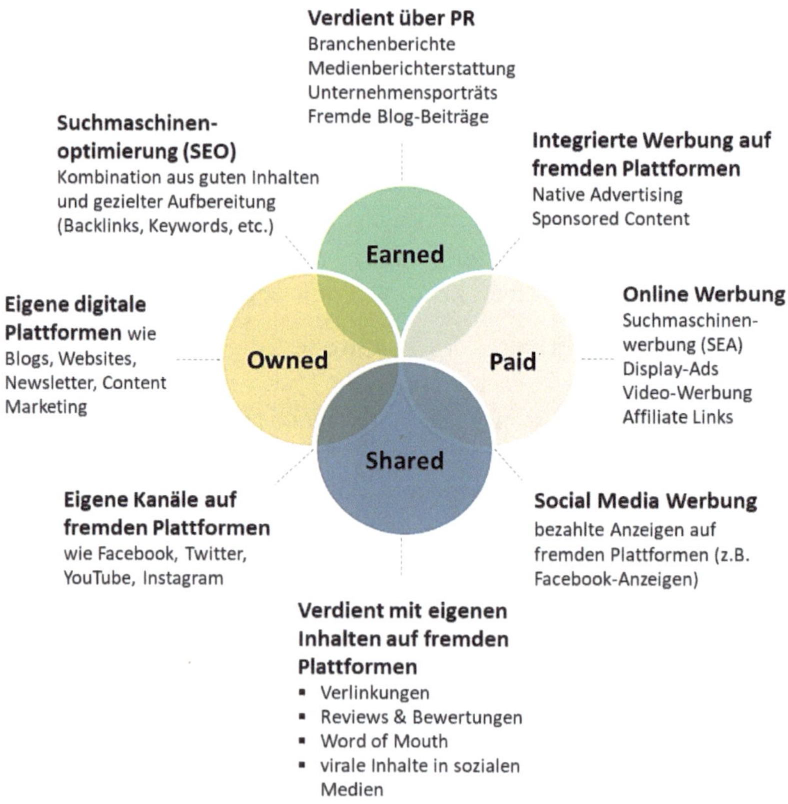

Abbildung 16: Die Welt der digitalen Medien

Der Ansatz setzte sich schnell in der Marketingbranche durch: Bereits 2009 konzipierte das Marktforschungsinstitut ‚Forrester' eine erste Studie zum Thema (vgl. textbroker 2017). In der Welt der sozialen Medien ist inzwischen in vielen Versionen des Modells die vierte Kategorie „Shared" hinzugekommen (siehe Abbildung 16).

Analog der Übersetzung aus dem Englischen sind **Paid Media** bezahlte Platzierungen wie zum Beispiel klassische Printanzeigen, Online-Banner oder Fernsehspots, die in der Regel auf Massenkommunikation angelegt sind (‚one-to-many').

Owned Media sind dementsprechend Kanäle oder Assets, welche die Marke selbst besitzt – sprich: die eigene Unternehmenswebsite, ein Corporate Blog oder E-Mail-Marketing. In der analogen Welt zählen weitere Assets, die für die Markenkommunikation genutzt werden können, zu Owned Media, z.B. Einzelhandelsgeschäfte oder Eintrittskarten.

Bei **Earned Media** handelt es sich um nutzergenerierte Mund-zu-Mund-Propaganda bzw. sogenannten User Generated Content (UGC): „Brand mentions created by consumers themselves, outside of the control of the brand." (Sammis et al. 2016, S. 36) Diese Erwähnungen treten in Form von Fragen zum Produkt, Fotos, Videos, Bewertungen, Reviews oder Erfahrungsberichten sowie jeglicher Form von Interaktion und Feedback auf den sozialen Kanälen des Unternehmens auf.

Shared Media sind den Earned Media sehr ähnlich. Statt User Generated Content stehen aber Inhalte im Fokus, die das Unternehmen auf eigenen Kanälen selbst verbreitet – unter den Bedingungen und ggf. Einschränkungen einer fremden Plattform wie Facebook oder YouTube. Wenn Nutzer also die Inhalte des Unternehmens in ihren eigenen sozialen Netzwerken teilen, sprechen wir von Shared Media. Das Ziel ist nicht nur, die Reichweite zu erhöhen, sondern auch langfristiger in den Ergebnissen von Suchmaschinen zu erscheinen. Google wertet es positiv, wenn Content häufig geteilt wird.

Die folgende Abbildung fasst diese Eigenschaften in einer gemeinsamen Matrix zusammen:

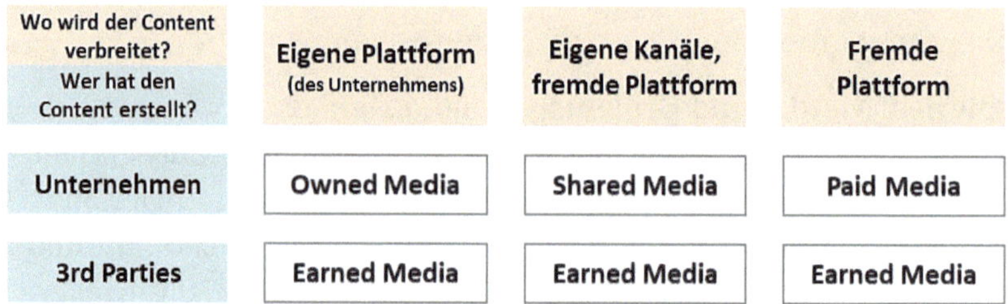

Abbildung 17: Paid, Owned, Shared, Earned (POSE-Matrix)

Besonders interessant bei einigen der neueren Plattformen oder sozialen Medien ist, dass sie für alle vier Bereiche Möglichkeiten bieten. Auf Facebook zum Beispiel kann eine Marke zur gleichen Zeit und für die gleiche Kampagne das eigene Profil pflegen (Shared), auf den Marken-Blog verweisen (Owned), Werbeanzeigen schalten (Paid) und sich mit verschiedenen Maßnahmen und Aktivitäten Nutzerfeedback und Interaktionen verdienen (Earned).

Eine trennscharfe Zuordnung des Influencer Marketings zu den Kanälen ist nicht unbedingt zielführend. Im Gegenteil: Der Paid-Ansatz kann zum Beispiel dazu führen, dass Inhalte zu werblich gestaltet werden und das Unternehmen zu viel Kontrolle ausübt, statt dem Influencer freie Hand zu lassen. Der Earned-Ansatz könnte den Mythos wiederaufleben lassen, dass es zielführend sei, mit der ‚Spray and Pray'-Methode Produktproben an zahlreiche Influencer zu schicken in der Hoffnung, dass möglichst viele das Thema aufgreifen – ohne allerdings gezielt auszuwählen oder langfristig zu planen.

Vorsicht, Denkfehler: Influencer Marketing ist kein Paid Kanal im traditionellen Sinne und folgt deshalb anderen Regeln. Wie in Kapitel 3.1 ausgeführt, ist ein Influencer-Beitrag kein eingekaufter Werbeplatz im traditionellen Sinn. Wenn Influencer Marketing also im nachfolgenden den Paid Media zugeordnet wird, dann immer unter der Annahme, dass der Kreationsprozess ein anderer ist als bei traditionellen Medien (siehe auch Kapitel 4.1).

Dennoch gibt es Bemühungen, Influencer Marketing einzuordnen: Burcher schlägt das Influencer Marketing ausschließlich den Earned Media zu (vgl. Burcher 2012, S. 26). Sammis et al. hingegen betonen, dass das Influencer Marketing gerade deshalb so viel Erfolg hat und an Fahrt aufnimmt, weil Influencer inzwischen vermehrt für ihre Aktivitäten bezahlt bzw. entschädigt werden. In dem Sinne wären die Inhalte des Influencers Paid Media. Wenn aber die Follower den Inhalt weiterteilen, handelt es sich wieder um Earned Media. Influencer Marketing ist also eine Kombination aus Paid und Earned Media. Tatsächlich schließen Sammis et al. zusätzlich die Owned Media mit ein: „There is no reason to limit how you approach influencers." (Sammis et al. 2016, S. 59)

Zur Einordnung von Influencer Marketing in die POSE-Matrix (Paid, Owned, Shared, Earned) kann also folgendes festgehalten werden:

- Influencer Marketing in Form von bezahlten Kooperationen fällt demnach unter den Begriff Paid Media, kann aber in der Verlängerung Earned Media generieren und von Shared Media unterstützt werden.
- Influencer Relations sind von Grund auf Earned Media, da keine Entlohnung stattfindet und der Influencer überzeugt werden muss, aus eigenem Antrieb Inhalte zu erstellen.
- Zu den Owned Media wird Influencer Marketing dann gezählt, wenn es sich um Corporate Influencer handelt, die entweder selbst Mitarbeiter des Unternehmens sind oder als Brand Influencer vom Unternehmen angestellt wurden. Auch langfristig vertraglich gebundene Markenbotschafter können zu den Owned Media gezählt werden.

3.4 Positionierung in Marketing-Mix und Sales-Funnel

Grundsätzlich basiert jede Form erfolgreichen Marketings bzw. erfolgreicher Markenkommunikation auf dem Prinzip des Beeinflussens. Sowohl die Marke selbst als auch traditionelle Werbemittel und Mund-zu-Mund-Propaganda von Freunden, Familie, Influencern beeinflussen den Konsumenten – oder versuchen es zumindest.

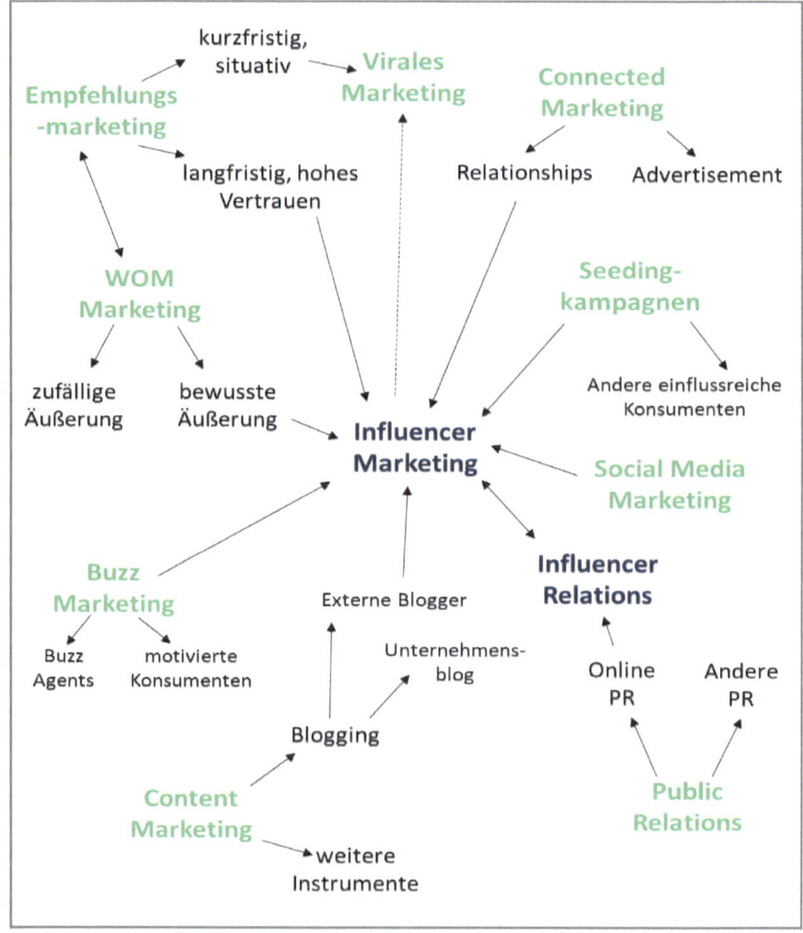

Abbildung 18: Zusammenhänge zwischen anderen Marketingformen und Influencer Marketing

Abbildung 18 stellt die Relationen des Influencer Marketings mit anderen verwandten Formen (wie in Kapitel 3.2 diskutiert) in einer Mindmap dar.

In Kapitel 1.5 wurde detailliert auf die Customer Journey bzw. den Sales-Funnel eingegangen. Influencer Marketing darin zu verorten, ist vor allem aus der Vertriebsperspektive nicht trivial, da der genaue Verkaufsweg oft nicht vom Influencer bis zum Kauf verfolgt werden kann. Allerdings wirkt das Influencer Marketing an einigen Stellen besonders stark auf den Verkaufsweg ein.

Nach Brown sind die Schlüsselmomente, in denen eine Entscheidung beeinflusst werden kann,

- der Moment, in dem eine Person entscheidet, etwas zu tun;
- und der Moment, in dem eine Person entscheidet, was sie konkret tun wird. (Brown und Hayes 2015, S. 24)

Die größte Kontrolle hat ein Unternehmen in den ersten Stufen des Sales-Funnels, nämlich in dem Moment, in dem es über die Zielgruppe entscheidet, die sozusagen ‚oben' in den Sales-Funnel kommt: Wer soll über welche Kanäle mit welchen Botschaften erreicht werden? An dieser Stelle ist Influencer Marketing ein geeignetes Tool, die anvisierte Zielgruppe effektiv anzusprechen.

- Außerdem können Influencer am ‚unteren' Ende des Sales-Funnels eingesetzt werden, um zum Beispiel neue Kunden in Markenfans oder Markenfreunde zu verwandeln und sie als qualifizierte Leads wieder oben in den Funnel zu geben. Der Kreislauf schließt sich auf diese Weise, wie von Cooper und Vlaskovits beschrieben (Kapitel 1.5).

In Bezug auf Dualprozesstheorien der Werbewirkung, wie z.B. dem Elaboration-Likelihood-Modell (siehe Kapitel 1.4), hat ein Influencer sowohl bei der systematischen Verarbeitung von Informationen (intensive Auseinandersetzung aufgrund von hohem Involvement zum Beispiel durch gleiche Interessen, Idolstatus etc.), als auch bei der heuristischen Verarbeitung von Informationen (Fokus auf Schlüsselinformationen, z.B. Glaubwürdigkeit der Quelle) Anknüpfungspunkte, denn er genießt innerhalb seiner Community einen gewissen Status und in der Regel eine hohe Authentizität.

Darüber hinaus ist die Verortung des Influencer Marketings in der Customer Journey sinnvoll, da diese eher geeignet ist, die Entscheidungsfindung bzw. die Phasen einer Kunde-Marke-Beziehung ganzheitlich abzubilden. Abbildung 19 zeigt eine Darstellung von Solis, die sehr ausführlich schildert, welche (von Influencern bereitgestellten) Inhalte zu welchen Zeitpunkten bzw. an welchen Touchpoints für den Kunden relevant sein können:

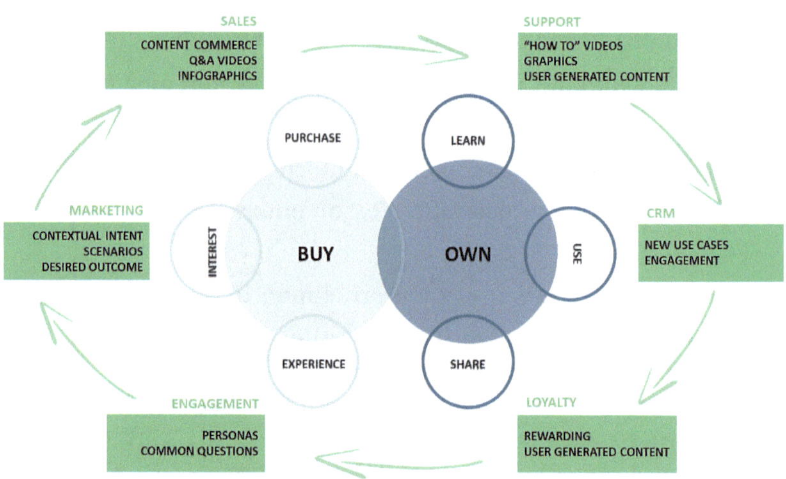

Abbildung 19: Customer Journey vor dem Hintergrund von Influencer Content. Quelle: nach Solis 2017, S. 27

Dabei unterscheidet Solis die zwei Phasen des Kaufs (‚Buy‘) und des Besitzens (‚Own‘), in die unsere sechs Schritte der Customer Journey vom ersten Marken- oder Produkterlebnis (Experience) bis zum aktiven Teilen von positiven oder negativen Erfahrungen mit dem Produkt (Share) fallen, wie sie in Kapitel 1.5 beschrieben sind. Solis listet für diese Phasen jeweils passende bzw. typische Influencer-Inhalte auf (grüne Kästen) und betitelt zugleich die Aufgabe oder das Ziel des Unternehmens in der jeweiligen Phase – zum Beispiel Engagement oder Loyalty.

Vor allem bei kostenintensiven Produkten, wie zum Beispiel einem Auto oder erklärungsbedürftigen Produkten (zum Beispiel neuartige Geschäftsmodelle und Dienstleistungen wie vor einigen Jahren Car Sharing Services), sind Spontankäufe selten. Vor der Entscheidung werden verschiedene Produkte und Lösungen verglichen, zum Beispiel anhand von Testberichten oder Q&A-Videos.

Auch wenn der Kunde bereits mit der Marke interagiert und ein oder mehrere Produkte besitzt, hat das Unternehmen einen Auftrag: den Kunden beim Testen und Verwenden des Produktes unterstützen und soweit möglich dafür sorgen, dass er ein positives Markenerlebnis hat. Influencer können hier u.a. mit How-to-Formaten ansetzen. Das Unterstützen in der „Lernphase“ erleichtert die Wiederansprache für neue Produktkäufe und erhöht das Engagement und Involvement des Kunden, was wiederum die Grundlage für eine loyale Beziehung legt.

Ganz am Ende des Zyklus, wenn es darum geht, einen loyalen Markenfreund aus ihm zu machen, empfiehlt es sich, vom Konsumenten selbst erstellte Bewertungen und Erfahrungsberichte zu belohnen (‚rewarding user generated reviews‘).

4 Influencer Marketing Strategie

In diesem Kapitel erfahren Sie:

- wie Influencer Marketing sich in den Kommunikationsplan eines Unternehmens einfügen sollte,
- welche Ziele Sie mit Influencer Marketing verfolgen können und welche strategischen Anwendungsfelder es gibt,
- was typische Formate in der Praxis sind,
- wie strategische Anwendungsfelder und Formate zusammenpassen.

4.1 Influencer als Teil eines Kommunikationsplanes

Sammis et al. beschreiben Influencer Marketing als grandioses, einzigartiges Accessoire: „like a statement necklace. That necklace can take your outfit from boring to memorable, but you'd never dream of walking around wearing only the necklace! You need the whole outfit to work together.“ (Sammis et al. 2016, S. 173). Influencer Marketing ist demnach als Ergänzung zu verstehen, die traditionelle bzw. andere Marketingaktivitäten unterstützen und verstärken kann, nicht aber ersetzen.

Influencer Marketing ist nur ein Werkzeug von vielen und darf deshalb auch nie losgelöst vom Gesamtkonzept der Marke betrachtet werden. Jede Kooperation muss sich in die übergeordnete Strategie für Produkt, Marke oder Unternehmen einfügen, damit ein authentisches Bild entsteht und die Investition am Ende nicht ins Leere läuft – oder der Marke gar schadet. In der logischen Konsequenz muss Influencer Marketing konsequent in den Kommunikationsplan integriert werden. Isolierte Marketingmaßnahmen, die nicht ins Verhältnis zur Gesamtstrategie des Unternehmens gesetzt werden, richten in der Regel mehr Schaden an, als dass sie nutzen.

Dazu gehört auch, im Interesse des Endkunden zu denken. Eine Kampagne, die nicht bei der Zielgruppe beginnt, geht von vorneherein in die falsche Richtung. Inhalte und Botschaften sollten über die von der jeweiligen Zielgruppe benutzten Kanäle, Plattformen und Endgeräte ausgespielt werden – zum jeweils passenden Zeitpunkt. Hier gilt es für traditionelle und neue Marketingmaßnahmen gleichermaßen, die Customer Journey im Blick zu behalten (siehe Kapitel 1.5 und 3.4).

Das Ziel sollte eine sinnvolle 360°-Kommunikation sein: Binden Sie Influencer in andere Aktivitäten ein – auf der Website, im Newsletter, in Print- oder TV-Werbung – um ihr Know-how zu nutzen, die Beziehung zu stärken und die Zielgruppe mit einem einheitlichen Bild immer dort anzusprechen, wo sie sich gerade aufhält oder mit dem Thema auseinandersetzt. Auch die eigenen Social-Media-Kanäle profitieren von der Influencer Kooperation, wenn entsprechende Links gesetzt werden zum Unternehmensprofil, einzigartige und sinnvolle Hashtags verwendet werden oder die Beiträge des Influencers geteilt oder reposted wird (Achtung: Nutzungsrechte beachten, siehe Kapitel 5.5 Vertragliche Regelung).

Best Practice | Deichmann

Europas größter Schuheinzelhändler gründete Anfang Februar 2018 einen eigenen Influencer-Club. Influencer, die

- sich mit der Marke Deichmann identifizieren können,
- kreativ sind und sprachliches Talent besitzen,
- eine originelle Bildsprache verwenden,
- für Fashion und Lifestyle brennen,

konnten sich auf die begrenzten Plätze im Club bewerben (Deichmann Corporate Website 2018).

Die Auserwählten erhalten Eintritt in ein großes Netzwerk, Einladungen zu Events, Medienprojekten und Kooperationen und Einblicke in die Schuhszene sowie das ein oder andere Geschenk aus der neuen Kollektion. Zusätzlich bietet Deichmann der Community Workshops an zur Weiterentwicklung. Von dieser persönlichen Professionalisierung der Influencer profitiert am Ende auch Deichmann.

Außerdem will der Einzelhändler mit dem Club-Programm die Bindung zwischen der Marke und ihren digitalen Botschaftern vertiefen. Deichmann ist bereits seit Jahren in der Influencer-Szene aktiv und vertreibt zum Beispiel regelmäßig eigens kreierte Blogger-Kollektionen. Inzwischen sind die Kampagnen sehr ausgereift und ganzheitlich gedacht – zum Beispiel mit passenden TV-Werbespots oder der Verlängerung in Print-Medien, wie hier am Beispiel einer doppelseitigen Anzeige in der Lifestyle-Zeitschrift „Couch“ zur #Spread the look-Kampagne:

Abbildung 20: Doppelseitige Anzeige zu einer Influencer-Kampagne
Quelle: Deichmann 2019

Notfallplan für die Kommunikation mit Influencern

Auch wenn ein Unternehmen sich dafür entscheiden, nicht aktiv mit Influencern zusammenzuarbeiten, sollte es sich mit dem Thema auseinandersetzen und eine Strategie entwickeln, wie damit umgegangen wird. Dass über Ihre Marke gesprochen wird, können Sie nicht verhindern – deshalb kann es auch einflussreiche Personen geben, die zu Ihrem Produkt kommunizieren (meist Marken-Fans auf Blogs oder YouTube).

Wenn Sie auf solche Kanäle oder Beiträge stoßen, sollte die erste Reaktion nicht die Anwaltskanzlei sein. Das kann negative Folgen haben (siehe Beispiel „Held der Steine“ in Kapitel Relevanz des Influencer Marketings). Auch der bekannte schwedische Möbelhersteller IKEA hatte in der Vergangenheit zu solchen Maßnahmen gegriffen: 2014 mahnte der Konzern die malaysische Bloggerin Jules Yap ab, die sich selbst als Hardcore-Fan der Marke bezeichnete und bis dato bereits acht Jahre lang clevere Hacks und Bauanleitungen zu IKEA-Möbeln veröffentlichte und eine ganze „IKEAhackers“-Community aufgebaut hatte. Die Abmahnung (engl. Cease & Desist, C&D) hat nicht nur einen Mega-Fan bitterlich enttäuscht, sie hat auch eine Lawine an negativen Schlagzeilen auf der ganzen Welt verursacht (vgl. Winterbauer 2014).

> „Needless to say, I am crushed. I don't have an issue with them protecting their trademark, but I think they could have handled it better. I am a person, not a corporation. A blogger who obviously is on their side. Could they not have talked to me like normal people do without issuing a C&D?“ (Yap 2014)

Inzwischen leben IKEA und die IKEAhackers in friedlicher Koexistenz und IKEA experimentiert bereits seit Jahren mit Influencer Marketing, haben zum Beispiel mit YouTubern gearbeitet und erst kürzlich ein Corporate Influencer-Format eingeführt, in dem eigene Mitarbeiter Einrichtungstipps geben. Den Shitstorm 2014 hätten sie vermeiden können.

Langfristig vs. kurzfristig

Insgesamt geht der Trend weg von kurzfristigen Kampagnen hin zu langfristigen Kooperationen. An sich haben langfristige Beziehungen immer den Vorteil, dass durch das aufgebaute Vertrauensverhältnis und die Erfahrungswerte Zeit und Energie gespart wird: Briefings und Absprachen sind deutlich einfacher, die Anzahl der Feedbackschleifen sinkt, die Fehleranfälligkeit ebenfalls, die Arbeit des Influencers optimiert sich durch gesammelte Erfahrung von selbst.

Darüber hinaus ist der positive Effekt für Unternehmen (gesteigerte Reichweiten, Image-Boost etc.) nur so lange gegeben, wie der Influencer für die Marke arbeitet. Wenn dieser als langfristiger Markenbotschafter an Bord ist statt nur als digitale Litfaßsäule, schafft ein Unternehmen Raum dafür, dass der Influencer selbst Ideen mitbringt und anfängt, für die Marke zu denken. „Messbare Erfolge stellen sich ein, wenn eine langfristige Dreiecksbeziehung Marke-Influencer-Community aufgebaut wird." (Ceccato 2018, S. 10)

- Leider scheitern langfristige Kooperationen häufig daran, dass es keine sorgfältige Kontaktpflege auf Seiten des Unternehmens gibt. Thomas Pier, Freizeitläufer und Blogger (harlerunner.de), fasst die Probleme in einem „Agentur-Rant"-Beitrag sehr treffend zusammen:

  1. Es ist nicht immer leicht, überhaupt einen Ansprechpartner zu finden, da viele (kleinere) Unternehmen keinen Ansprechpartner oder eindeutigen Kontakt definieren (z.B. Pressestelle) oder zu viele haben (in großen Konzernen).
  2. Durch häufige Ansprechpartner oder Agenturwechsel gehen Informationen aus vorherigen Gesprächen verloren und das Kennenlernen geht von vorne los (vgl. Pier 2019).

Kurzfristig angelegte bzw. einmalige Influencer-Aktionen haben im Ausnahmefall dann ihre Berechtigung,

- wenn ein Unternehmen getrieben von der Schnelligkeit der sozialen Medien, von Events oder aktuellen Entwicklungen kurzfristig bzw. sehr spezifisch handeln muss;

- wenn ein Unternehmen in einer fremden Stadt mit lokalen Influencern arbeiten möchte;
- wenn ein Unternehmen und ein Influencer testen, ob sie gut zusammenpassen und sinnvoll miteinander arbeiten können.

Influencer früh in Prozesse einbinden

Vor allem für langfristige Vorhaben ist es sinnvoll, den Influencer in die Zielsetzung bzw. Strategie hinter der Kampagne einzuweihen. Der Influencer kann so zielgerichteter kommunizieren und das Ergebnis fügt sich authentischer in das Gesamtbild ein. Echtes Storytelling und kreative Formate werden überhaupt erst möglich durch solch eine enge und offene Zusammenarbeit. Wenn von Beginn an klar ist, wofür die Marke steht und welche Werte sie vertritt, trägt eine Influencer-Aktion zur Glaubwürdigkeit der Marke bei, anstatt sie in Frage zu stellen.

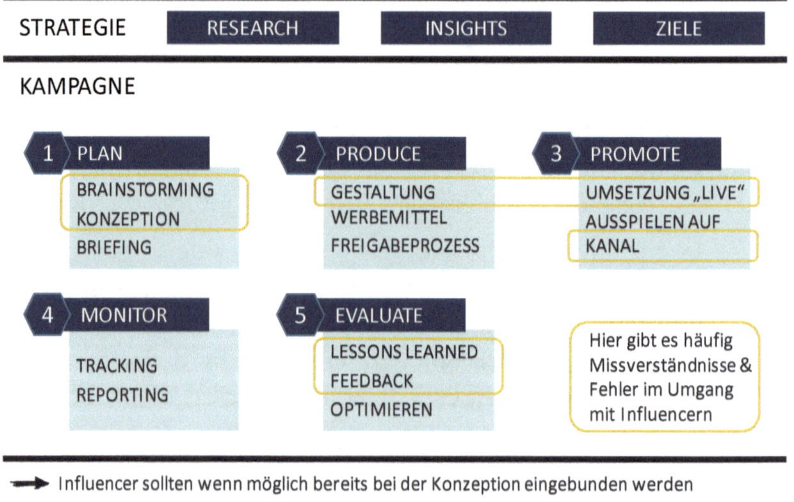

Abbildung 21: Umgang mit Influencern in der Kampagnenplanung

Außerdem entsteht eine langfristige, vertrauensvolle Beziehung, die den Influencer an die Marke bindet. So kann auch (wenn nicht schon vorhanden) eine Begeisterung für die Marke ausgelöst werden bzw. zumindest eine freundschaftliche Verbundenheit. Was wie ein „Soft Faktor" klingt, ist im Influencer Marketing von großer Bedeutung: Influencer Marketing ist wie alle Word of Mouth-Marketingaktivitäten von Natur aus niemals vollständig kontrollierbar und bietet für Unternehmen deshalb nicht denselben Zugang, den andere Kommunikationskanäle ermöglichen. Influencer sind kein Paid Kanal im traditionellen Sinne, bei dem ein fester Werbeplatz gekauft werden kann (siehe Abbildung 21).

Schlüsselqualifikation Storytelling

Storytelling bedeutet im ersten Moment nichts anderes als „Geschichten erzählen". Im Zusammenhang mit Marketing ist es vor allem eine Grundeinstellung bzw. eine Strategie.

In Zeiten von AdBlockern und Werbemüdigkeit gehen die Unternehmen zu dem zurück, was schon immer gut funktioniert hat: spannende, unterhaltende, lustige Geschichten (siehe auch Kapitel 3, „six buttons of buzz").

Die Kunst ist nicht, sich eine beliebige Geschichte auszudenken, die vermeintlich zum Produkt passt, das beworben werden soll. Die Kunst ist, Geschichten zu erkennen, die bereits im Kosmos des Unternehmens oder der Marke existieren, diese freizulegen und zu erzählen. Auch im Influencer Marketing ist Storytelling deutlich effektiver als jemand, der lediglich sagt „Ich mag das Produkt." (Oriola 2019). Wichtige Fragen, die man vor dem Erzählen der Geschichte klären sollte (und z.B. auch dem Influencer stellen kann, wenn er ein Konzept vorstellt), sind u.a.:

- **Zielgruppe:** Wer ist das Publikum für die Geschichte? Was sind ihre Vorlieben? Wie interagieren sie mit uns? Wie und wo sprechen sie über uns?
- **Relevanz:** Was ist der Kern der Geschichte? Welche Aussage wollen wir damit treffen? Ist das relevant für

unsere Zielgruppe? Was soll am Ende hängen bleiben? Wie hängt die Geschichte mit unserer Marke zusammen?

- **Identifikation:** Kann unser Publikum etwas mit der Geschichte anfangen? Ist es für sie nachvollziehbar?
- **Umsetzung:** Wie ist die Stimmung der Geschichte? (z.B. spannend) Was sind die richtigen Worte, um die Stimmung und die Kernaussage zu transportieren? Wie kann ich die Erzählung visuell unterstützen?

4.2 Zielarten und Zieldefinition

> „Never, ever begin an influencer program before you can answer the question, ‚What will success look like?' If you don't know how you'll measure success, how will you know if you got there?" (Sammis et al. 2016, S. 16)

Jede Form des Marketings braucht zu Beginn ein klar definiertes Ziel, denn ohne Ziel kann der Erfolg einer Maßnahme nicht sinnvoll überprüft werden. Die klassischen W-Fragen helfen dabei, einen Einstieg in die Zieldefinition zu finden.

Was ist der Marketinggegenstand? (die Marke, das Produkt, etc.)
Geht es um einen Produkttest? Ein Product Placement? Eine Markteinführung?
Ist die Aktion in eine Kampagne eingebettet?

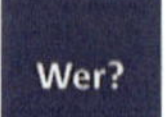

Welche Zielgruppe soll mit der Aktion erreicht werden?
Wie soll Engagement erreicht werden – monetär oder nicht monetär?

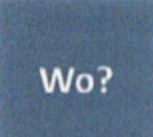

Welche Plattformen sind für die Zielgruppe und das Thema interessant?
Lokal, national, international?
Paid, owned, earned?

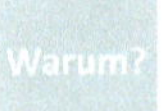

Geht es um Bekanntheit, Awareness, Branding, Interaktionen?
Geht es um neue Zielgruppen, Traffic, Klicks, Conversions oder Reichweite?
Was ist der konkrete Call-to-Action? (Click here, Share, Tag someone, etc.)

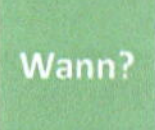

Ist es eine kurzfristige Aktion mit ‚awareness spike'?
Planen wir eine langfristig angelegte Kooperation/Partnerschaft?
Wann ist Start und Ende der Kampagne?

Abbildung 22: Die W-Fragen als Hilfsmittel zur Zieldefinition

Hinweis: Die W-Fragen zur Zieldefinition im Influencer Marketing finden Sie als PDF-Checkliste zum Abhaken unter den Zusatzmaterialien.

Für die Konkretisierung von Zielen ist die SMART-Regel ein gängiges Modell. Das Akronym steht für specific, measurable, achievable, relevant, und time-based. Das heißt Ziele müssen:

- spezifisch sein und greifbar (zum Beispiel eine konkrete Zahl statt nur „mehr“);
- messbar sein, sonst ist die Zielerreichung nicht nachweisbar;
- realistisch bzw. erreichbar sein – nicht zu einfach, aber eben auch nicht unmöglich;
- relevant sein in Bezug auf das aktuelle Geschehen am Markt oder im Unternehmen;
- zeitlich konkretisiert sein bzw. eine Deadline haben.

Sammis et al. haben speziell für das Influencer Marketing zusätzlich die DUMB-Regel aufgestellt, die im Gegensatz zur SMART-Regel beschreibt, wie Ziele auf gar keinen Fall lauten dürfen. Das Akronym steht für disconnected, unrealistic, muddy und benchmark-free:

- **‚Disconnected‘** spielt darauf an, dass die definierten Ziele an reale Kennzahlen angelehnt sein müssen und nicht im Vakuum für sich stehen dürfen. 2.000 Klicks allein treffen keine Aussage, 2.000 Klicks in Verbindung mit höherem Traffic auf der Website oder mehr Verkäufen im Shop hingegen schon.
- **‚Unrealistic‘** ist beinahe selbsterklärend: „Influencer marketing is a new, exciting marketing tactic, but it's still only a marketing tactic. There is no reason to assume that it will yield wildly different results than other approaches.“ (Sammis et al. 2016, S. 232) Alleine die Aussage ‚Wir möchten viral gehen‘ ist demnach kein realistisches Ziel.
- **‚Benchmark-free‘** ist ein Hinweis darauf, dass Ziele immer sowohl auf den eigenen Daten als auch dem Markt bzw. der

Marktforschung basieren sollten. Im Zweifel heißt das, erst mal einen Testlauf zu starten, um eine Datengrundlage zu schaffen.

- **‚Muddy'** bedeutet so viel wie ‚schwammig' und spielt darauf an, klare Ziele zu formulieren. Sammis et al. führen folgendes, anschauliches Beispiel für ein klares Ziel im Influencer Marketing an:

> „We will engage 15 to 20 bloggers in our target demographic (millennial moms) to receive, test, and write about our new mouthwash using funny pictures that we will repost across our social channels. The bloggers will provide a coupon to their readers as part of their reviews. Our goal is 10,000 coupon downloads with a 20 percent in-store conversion over the first 45 days of the program." (Sammis et al. 2016, S. 232)

Da viele Unternehmen bisher wenig Erfahrung im Influencer Marketing haben, fehlen ihnen die Bezugsgrößen, wodurch die Zieldefinition häufig sehr vage und unklar bleibt. Oftmals werden Ideen deshalb im Trial & Error-Verfahren ausprobiert, um Erfahrungen zu sammeln.

In jedem Fall – und bei Trial & Error ganz besonders – ist es wichtig, die gewonnenen Erkenntnisse ausreichend zu dokumentieren, um sich somit den Aufbau von Know-how zu sichern (siehe auch 4.6 Kennzahlen und Erfolgsmessung).

Marketingziele

Grundsätzlich unterscheiden sich die ökonomischen von den psychologischen Marketingzielen. Für das Influencer Marketing können die häufigsten Ziele der agierenden Unternehmen außerdem in fünf Cluster eingruppiert werden.

Abbildung 23: Ziel-Cluster im Influencer Marketing

Sowohl **Business Leads** als auch die **Suchmaschinenoptimierung** (SEO) haben einen direkten Einfluss auf den Unternehmenserfolg, weshalb sie zu den ökonomischen Zielen zählen. Im Cluster Business-Leads sind die folgenden Ziele zusammengefasst: Influencer Marketing soll

- die Effizienz der Owned Media erhöhen, zum Beispiel in Form von mehr Besuchern auf der Website und den Social Media Auftritten, neuen Fans oder höherem Engagement;
- Kaufimpulse online und offline auslösen;
- neue Zielgruppe erreichen: z.B. Nischen- oder Randgruppen, die bisher noch nicht angesprochen wurden, grundsätzlich aber markenaffin sind;
- junge Zielgruppen erreichen, die über traditionelle Kanäle nicht mehr zu greifen sind.

Die **Suchmaschinenoptimierung** (SEO) wird weniger häufig direkt mit dem Influencer Marketing in Verbindung gebracht – dabei zahlen viele Kooperationen auf das veränderte Suchverhalten ein. Der Konsument informiert sich nicht länger nur auf Produktwebsites, er sucht auch unabhängige Meinungen. Unternehmen müssen also neben eigenen Inhalten dafür sorgen, dass qualitativ hochwertige Inhalte von Dritten im Internet zu finden sind, um die Suchmaschinenergebnisse positiv zu beeinflussen und den Konsumenten auf dem Weg zur Kaufentscheidung nicht zu verlieren. Influencer Marketing soll also

- durch Präsenz in sozialen Medien für eine erhöhte Sichtbarkeit sorgen;
- authentische, leicht auffindbare Produktbewertungen generieren, denn das ist es, wonach Kunden unmittelbar vor einer Kaufentscheidung suchen (Schlagworte wie Produktname, Marke, Review, Test, Bewertung);
- die Algorithmen in den sozialen Netzwerken überwinden. Organisch eine relevante Reichweite zu erreichen ist als Unternehmen nicht mehr einfach. Influencer können eine Brücke zum Kunden darstellen.

Aktionen, die dem **Branding** dienen oder für **Aufmerksamkeit** sorgen sollen, fallen unter die psychologischen Marketingziele. Im Auftrag der Markenführung soll Influencer Marketing

- die Anzahl der simplen „Nennungen“ des Produktes, des Unternehmens oder der Marke erhöhen (sprich: die Bekanntheit steigern);
- die Einstellung gegenüber bzw. Bewertung des Marketinggegenstands in relevanten Zielgruppen positiv beeinflussen;
- grundsätzlich das Engagement rund um die Marke erhöhen;
- teilweise auch modern wirken und die Marke als Trendsetter platzieren.

Wenn es um das Thema **Aufmerksamkeit** geht, soll Influencer Marketing

- beim Konsumenten einen frühen Hype bzw. ‚Buzz‘ um eine neue Kampagne, ein neues Produkt oder einen anderen Marketinggegenstand erreichen (teilweise sogar bevor das Produkt überhaupt im Markt erhältlich ist);
- relevante Plattformen und Medien zur Berichterstattung anregen und die Marke dauerhaft dort für bestimmte Themen platzieren.

Das Steigern der Aufmerksamkeit für einen Marketinggegenstand ist nach wie vor das häufigste Ziel, das mit Influencer Marketing verfolgt wird – dicht gefolgt von der Steigerung der Relevanz des Marketinggegenstandes in bestimmten Zielgruppen (Branding), wie die Ergebnisse einer Umfrage des Bundesverband Digitale Wirtschaft e.V. von November 2018 zeigen (Abbildung 24):

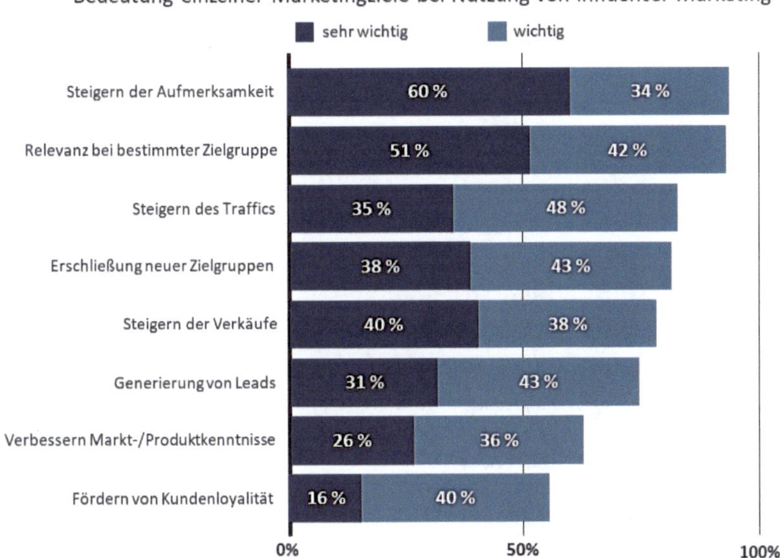

Abbildung 24: Umfrage zur Bedeutung von Zielen im Influencer Marketing. Quelle: Bundesverband Digitale Wirtschaft e.V. 2018, S. 12

Das fünfte Cluster, die **Content-Produktion & Marktforschung**, fällt je nach Ausprägung sowohl in die Kategorie ökonomisch als auch psychologisch. Hier soll Influencer Marketing

- für den Nutzer authentischen, glaubhaften Marken-Content kreieren;
- kosteneffizient Inhalte kreieren;
- weiterverwertbaren Content hervorbringen, den das Unternehmen zum Beispiel für eigene Marketing-Kampagnen verwenden kann (intern wie extern);
- über den reinen Content hinaus Insights in Markt oder Produktwelt generieren, die zum Beispiel im Sinne der Marktforschung genutzt werden können;
- ggf. selbst zum Kreationsprozess beitragen.

Ziele in Richtung Bekanntheitssteigerung, Image und Buzz sind häufig kurzfristiger Natur. Tatsächliche Kunden zu gewinnen, Abverkäufe und Wiederholungskäufer zu generieren, oder eine emotionale Bindung und Loyalität aufzubauen – all das sind langfristige Ziele. In Bezug auf Influencer Aktionen kann beides funktionieren, solange es zur Situation und dem Ziel passt (siehe auch Kapitel 4.1 und 4.3).

4.3 Strategische Anwendungsfelder

Influencer Marketing ist längst nicht mehr nur Produktkommunikation und Branding. Die digitalen Meinungsführer finden ihren Platz auch in der Marktforschung, in der Produktentwicklung und sogar in der Politik. Im Folgenden sind strategische Anwendungsfelder von Influencer Marketing beschrieben.

Produktkommunikation

Influencer Marketing ist an sich ein wirksames Instrument zur Generierung von Aufmerksamkeit. Die Aktualität und Geschwindigkeit der sozialen Medien, auf denen Influencer unterwegs sind, prädestinieren das Influencer Marketing für den Einsatz bei einer **Produktneueinführung**, z.B. im Rahmen von Previews oder einer Eventbegleitung. Als Experten in ihren Nischen oder Themengebieten berichten Blogger bzw. Influencer früh über neue Produkte und Trends und werden damit auch gleichzeitig zum Trendsetter.

Je nach Thema sollte entweder in der relevanten Nische auf die bekanntesten Influencer gesetzt werden oder auf die thematisch breiter aufgestellten (Lifestyle) Stars, die eine größere Reichweite mitbringen. Für Events, Flashmobs und ähnliches bieten sich auch für Influencer Marketing in der Regel eher untypische Kanäle wie Twitter an, die auf Echtzeit-Kommunikation basieren.

Die weit verbreiteten Produktreviews und Bewertungen, die in der Regel als längere Blogposts oder Videos hochgeladen werden, sorgen außerdem langfristig für eine hohe Sichtbarkeit und Auffindbarkeit in den Suchmaschinen (siehe auch „Suchmaschinenoptimierung/SEO“ in Kapitel 4.2).

Als klassisches **Abverkaufsinstrument** funktioniert Influencer Marketing in bestimmten Branchen besonders gut, zum Beispiel in der Kosmetikbranche, der Konsumgüterindustrie oder der Bekleidungs- und Modewelt – im Grunde Produkte und Services, die Bedürfnisse des „Pop Life" bedienen (siehe Exkurs in Kapitel 2.3) und die online verkauft werden. In diesen Fällen ist der Medienbruch geringer und auch die Messbarkeit von Influencer Aktionen ist einfacher, da mit Formaten wie Promotion Codes oder Gewinnspielen gearbeitet werden kann, um Leads und Conversions zu messen.

Branding und Imagepflege

Die hohe Reichweite bzw. starke Vernetzung der Influencer und auch ihrer Follower in sozialen Medien ist außerdem ein Vorteil für die **Steigerung der Markenbekanntheit** – einem der wichtigsten strategischen Anwendungsfelder im Influencer Marketing. Die Empfehlung eines Influencers ist nun mal besonders glaubhaft und da Influencer selbst mit einem gewissen Image behaftet sind – die Social Stars leben von ihrem Image – ist Influencer Marketing als **Brand-Building-Tool** sehr naheliegend.

Gerade deshalb ist aber auch ein genauer Blick bei der Auswahl unbedingt notwendig. Wenn der Influencer nicht zur Marke passt, oder minderwertige Arbeit abliefert, kann sonst ein teurer Image-Schaden entstehen. Ziel ist es,

- das Image des Influencers zu nutzen und auf die Marke zu übertragen;
- die eigene Marke zu stärken und zu platzieren;
- ‚Current Topic' zu werden;
- grundsätzlich als Marke mit gewissen Themen in Verbindung gebracht zu werden.

Oft kann ein Influencer außerdem Kanäle bespielen, die das Unternehmen selbst nicht hinreichend bedienen kann (z.B. weil schlichtweg das Know-how oder die notwendigen Ressourcen fehlen) und hat deshalb Zugang zu Zielgruppen, die für das Unternehmen zu weit entfernt sind, zum Beispiel jüngere Altersgruppen oder verwandte Interessensgruppen.

Junge Zielgruppen anzusprechen ist ein Potenzial, das Influencer Marketing sowohl für den privaten Konsumenten bietet (die nächste Generation der Käufer) als auch für eine gewerbliche Zielgruppe (b2b), in deren Managementpositionen sich ebenfalls ein Generationenwechsel vollzieht.

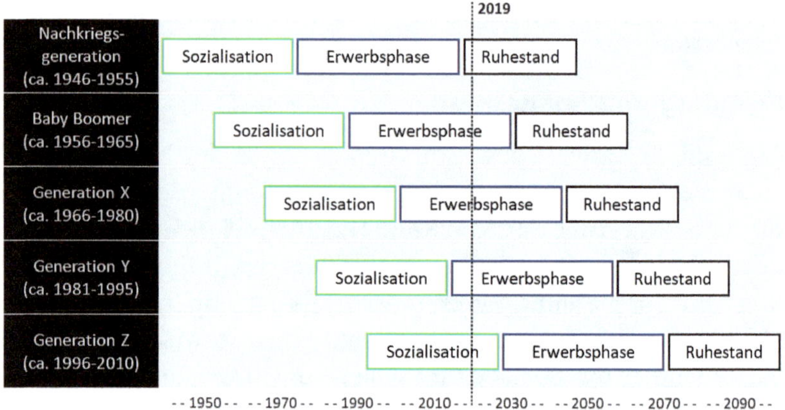

Abbildung 25: Generationentableau – Erwerbseintritt der Generationen. Quelle: nach Klaffke und Plambeck

Abbildung 25 (nach Klaffke und Plambeck) zeigt anschaulich, wie die Generation Y (auch Millenials) bereits fest in der Erwerbsphase angekommen sind, und demnach auch in die Führungspositionen nachrückt. Die Sozialisation der Generation Y war geprägt von Technologien wie den ersten Laptops, E-Mail und dem Internet, den ersten Mobiltelefonen und SMS, Mp3-Playern und dem iPod (vgl. Hiller 2019, S. 39). Sie sind mit der ersten Welle der Influencer sozialisiert worden, die mit dem Ziel der Selbstverwirklichung Inhalte veröffentlich haben, bevor man sie Influencer nannte (2005–2010) und sind in das Berufsleben gestartet, als es im Influencer Marketing die ersten Schritte in Richtung Monetarisierung und Professionalisierung gab (vgl. Hof 2018, S. 19).

Die Generation Z wird dieser Entwicklung nochmal einen neuen Schwung geben: Ihre Sozialisation ist geprägt von den ersten großen sozialen Netzwerken (allen voran Facebook, aber auch neuere Plattformen wie Snapchat und TikTok), von Smartphones, WhatsApp und Streamingdiensten wie Spotify – sie kennen die Welt nicht ohne diese Medienformate (vgl. Hiller 2019, S. 39). Für jeden dritten Jugendlichen sind YouTuber bereits die beliebtesten Vorbilder – noch vor Musikern oder Stars aus Film und Fernsehen (vgl. Krösmann, Nietan 2019). Sie sind mit Influencern als Vorbildern aufgewachsen – das Konzept ist für sie also etwas völlig Natürliches und wird auch bei Eintritt in die Erwerbsphase immer Normalität bleiben.

Kundendialog, Marktforschung und Produktdesign

Ein unterschätztes Potenzial, das Influencer Marketing im Gegensatz zu anderen Kanälen bietet kann, ist ein echtes **Dialogpotenzial** (‚two-way channel of communication'). In der Produkt-Vielfalt, die inzwischen auf dem Markt herrscht, ist ein Konsument schnell dazu verleitet, die Marke zu wechseln, selbst wenn er nicht per se unzufrieden war mit dem letzten Produkt. Ein Angebot, ein Spontankauf, eine Empfehlung – ein einziger Impuls kann ausreichen. Sich als Marke erlebbar machen, Nähe zum Kunden aufbauen und ihm das Gefühl vermitteln, Teil einer exklusiven Gruppe zu sein, all das sind große Herausforderungen. Influencer Marketing kann hier ein Stellhebel sein, allerdings nur, wenn das Projekt auf Dialog ausgerichtet ist und Beiträge nicht wie Anzeigen gestaltet werden.

Dieses Dialogpotenzial ist auch unter einem weiteren Gesichtspunkt interessant: der **Marktforschung**. Es sind die Innovatoren und Erstanwender (vgl. Rogers Curve, Kapitel 2.3), die vorhersagen können, welche Trends das Potenzial haben, in den nächsten sechs bis 18 Monaten im Mainstream anzukommen (vgl. Brown 2010, S. 225). Sie haben außerdem wertvolles Feedback – wer könnte ein neues Schleifgerät besser testen und vergleichen als der Handwerker, der Geräte dieser Art täglich benutzt und bewertet. Dieser Austausch kann, muss aber nicht über die Community stattfinden. Stufe 1 ist sozusagen die stille Zusammenarbeit mit dem Influencer hinter den Kulissen für Produktfeedback.

Stufe 2 ist die Möglichkeit, über die Community des Influencers zusätzlich Feedback direkt aus der Endkunden-Zielgruppe zu erhalten. Tanja Herrmann, Gründerin und Geschäftsführerin der auf Influencer-Marketing spezialisierten Digital-Agentur „Web-Stages", plädiert deshalb in ihrer Einschätzung für den Influencer Marketing Trendreport 2019 auch für einen Kommunikationskreislauf, „in dem jeder mit seiner Expertise seinen Platz findet." (Herrmann 2018, S. 16):

- Influencer werden bereits bei der Produkt- bzw. Kampagnenentwicklung eingebunden,
- Influencer aktivieren ihre Community, um Feedback zu erhalten
- PR-Manager reden mit der Marketingabteilung und diese mit den Produktmanagern
- Community Manager, die täglich mit den Kunden in Kontakt stehen, finden bei allen Genannten Gehör (vgl. Herrmann 2018, S. 16)

In der Verlängerung ist Influencer Marketing also auch ein Instrument des **Produktdesigns/der Produktentwicklung**. Kooperationen zwischen Influencern und Unternehmen gibt es bereits zahlreich und in verschiedenen Tiefen bzw. Ausprägungen (im Detail siehe nächstes Kapitel „Formate"):

[1] Crowdsourcing mit der Community

[2] Co-Creation 1: Influencer als Editionsentwickler

[3] Co-Creation 2: Influencer als Produktentwickler

[4] Eigenmarken von Influencern

Allen Ansätzen gemein ist, dass sie die folgenden Vorteile für sich nutzbar machen (vgl. Zoll 2018, S. 50):

- Die enge Zusammenarbeit legt den Grundstein für Vertrauen, eine langfristige Beziehung und zukünftige Kooperationen zwischen Influencer und Unternehmen.
- Der Influencer ist selbst emotional involviert, das Produkt liegt ihm am Herzen, sofern der Entstehungsprozess für ihn ein an-

genehmes Erlebnis war. Dadurch ist er längerfristig am Produkt interessiert und stärker motiviert, es zu bewerben.

- Bei Einbindung der Community (Fans des Influencers) kann auch beim Endkunden schon vorab das Besitzbedürfnis geweckt werden und nebenbei noch aus ihrem Feedback lernen, um das beste Produkt zu schaffen (siehe auch Marktforschung).
- Insgesamt entstehen dadurch Produkte von der Zielgruppe für die Zielgruppe, was zu potenziell hohen Absatzzahlen führt.

Content Marketing

> Der Begriff **Content Marketing** umschreibt Maßnahmen, die schwerpunktmäßig auf Inhalten basieren, welche einen gewissen Mehrwert für die anvisierten Stakeholder oder Zielgruppen bieten, und die zur richtigen Zeit im passenden Format (online und offline) ausgespielt werden sollen.

Dabei ist Content Marketing die taktische Ausführung der Content-Strategie. Die Content-Strategie wird definiert als die langfristige Planung der Produktion, Bereitstellung und Verwaltung relevanter und sinnvoller Inhalte entlang der Frage: Welche Inhalte benötigen wir für welche Zielgruppe zu welchem Zweck?

Content Marketing gibt dem Kunden also Antworten auf Fragen und Probleme bzw. Tipps für Einsatz- und Anwendungsmöglichkeiten sowohl vor dem Kauf als auch nach dem Kauf, z.B. in Form von Tutorials, Videos oder Anleitungen. Ein beliebtes Content Marketing Format ist der eigene Corporate Blog.

Der Influencer als Content-Produzent für das Unternehmen

Unternehmen sollten Influencer breiter nutzen als nur in ihrer Funktion als Reichweitenverstärker bzw. Multiplikator. Viele sind erfahrene **Content-Produzenten** für Foto, Text oder Video und würden als Dienstleister und Ideengeber gerne enger mit dem Marketing zusammenarbeiten. Häufig scheitern solche Vorhaben daran, dass Unternehmen (zeitlich) nicht flexibel genug sind, oder dass bisher kein Budget für solche Vorhaben bereitgestellt wurde.

Influencer sind in der Konzeption und Produktion nicht von Vorwissen und Konzernvorgaben eingeschränkt. Als Content-Produzenten für die Marketingabteilung können sie authentische Inhalte abseits der klassischen Hochglanzproduktion aus Werbung und PR liefern. In der Regel ist das Material trotzdem hochwertig produziert – für einen geringeren Preis als die klassische Hochglanzproduktion, die selten eine Geschichte erzählt, mit der sich die Zuschauer identifizieren können. Grundsätzlich sollte bei jeder Kooperation über die Nutzungsrechte gesprochen werden (siehe auch Kapitel 5.5), denn die Weiterverwertung des erstellten Contents ist eine der wenigen direkten Möglichkeiten zur Monetarisierung, die zur Verfügung stehen.

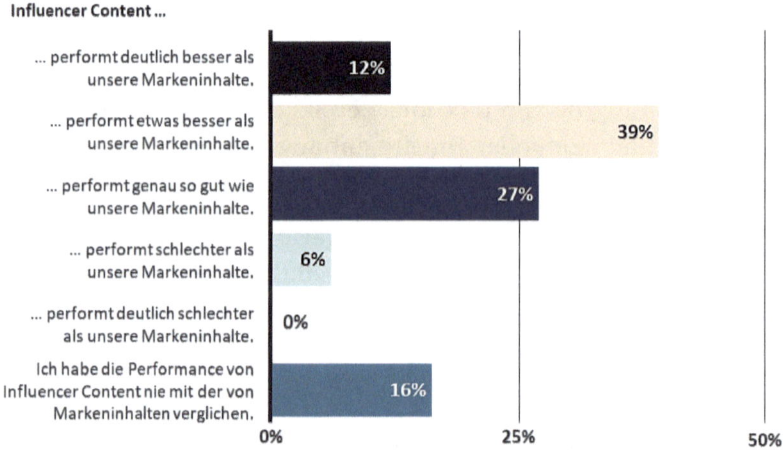

Abbildung 26: Performance von Influencer-Inhalten in anderen Marketingkanälen. Quelle: nach Linqia 2018, S. 9

Natürlich sind Influencer-Inhalte für eine spitzere Zielgruppe gemacht als ein TV-Werbespot. Das ist aber genau der Grund, weshalb sie mehr Interaktionen hervorrufen. Dass es sich lohnt, Influencer-Inhalte auch in anderen Marketingkanälen zu nutzen, zeigen die Ergebnisse einer aktuellen Umfrage aus dem „State of Influencer Marketing"-Report (Abbildung 26).

Das Unternehmen selbst als Influencer

Um einen glaubhaften Markenbotschafter zu finden, muss ein Unternehmen nicht immer in der großen weiten Welt suchen. Wieso nicht in den Reihen der eigenen Mitarbeiter „**Corporate Influencer**" rekrutieren? Sie kennen die Produkte, sind in der Regel von der Marke bereits überzeugt und langfristig ans Unternehmen gebunden. Aufwand fällt lediglich dafür an, die Mitarbeiter im Umgang mit den sozialen Medien und der Community zu schulen.

> Der Handelskonzern ‚Otto' hat zum **Beispiel** im Oktober 2017 ein Programm für mehr als einhundert interessierte Mitarbeiter gestartet, das Seminare für Social Media und Employer Branding sowie Präsentationstechniken umfasst (vgl. Zimmer 2017b).

Bekannte Vorreiter unter diesen (internen) Markenbotschaftern sind der Techblogger Sascha Pallenberg, den die Daimler AG als Botschafter angestellt hat, oder Jörg Ehmer, der CEO von Apollo Optik, der von sich aus sehr aktiv auf seinem privaten Facebook-Profil und seinem Blog unterwegs ist.

André Becker, Senior-Projektleiter bei ARGUS Data Insights Deutschland, legt in seiner Prognose für den Influencer Marketing Trendreport 2019 den Fokus auf Corporate Influencer im Auftrag des **Employer Brandings**, also der Inszenierung der Arbeitgebermarke. Zeitgemäßes Recruiting und Personalmarketing muss an die digitalen Welten anknüpfen, in denen sich potenzielle Bewerber bewegen – zum Beispiel über Instagram Stories (vgl. Becker 2018, S. 7).

Ein Unternehmen oder eine Marke als Ganzes kann durch entsprechendes Branding und den Einsatz von Corporate Influencern ebenfalls als Meinungsführer wirken. In dem Zusammenhang wird häufig über ‚Thought Leadership' gesprochen.

Ein **Thought Leader** ist jemand, der die Gespräche in einer Branche dominiert, Expertise ausstrahlt und eine gewisse Autorität demonstriert – anhand von Qualitätssiegeln, Expertenmeinungen, Fallbeispielen oder unabhängigen Kundenstimmen.

Trend-Thema 2019: b2b Influencer Marketing

Häufig sind Formate aus dem business-to-consumer-Bereich auch für den business-to-business-Kontext einsetzbar – allerdings unter anderen Spielregeln. Warum Influencer Marketing auch im b2b relevant ist und worauf man dabei achten sollte:

Das sagt der Experte

Ritchie Pettauer beschäftigt sich seit 1995 professionell mit digitalen Medien. Er berät seit 17 Jahren Unternehmen in allen Fragen der digitalen Kommunikation. Sein Spezialgebiet ist das Business-Netzwerk LinkedIn. Auf seinem Weblog datenschmutz.net schreibt Pettauer seit 2006 über Online-Marketing, Personal Branding und Storytelling.

Herr Pettauer, warum ist Influencer Marketing auch im b2b (business-to-business) sinnvoll?

Auch im b2b Bereich spielt das Internet bei der Recherche eine wichtige Rolle. Die grundsätzlichen psychologischen Mechanismen, die darüber entscheiden, wen ich zuerst mit der Bitte um ein Angebot kontaktiere, unterscheiden sich im b2c und im b2b Bereich nicht grundlegend. Die Investitions-Summen sind höher und der Rechercheprozess möglicherweise umfangreicher. Wer potenziellen Kunden über einen längeren Zeitraum immer wieder mal positiv aufgefallen ist – etwa durch branchenexklusive, hilfreiche Inhalte oder hohe Sachkompetenz – hat viel bessere Chancen auf die Akquise neuer Kunden.

Während im b2c Bereich in der Regel externe Influencer gebucht werden, liegt im b2b Sektor der Fokus am Aufbau von Corporate Influencern. Also Mitarbeitern, die kommunikations- bzw. Social Media affin sind und ihr Wissen und ihre Kompetenz mit der richtigen Zielgruppe teilen.

Was ist die Besonderheit am Influencer Marketing im b2b?

Zum einen ist die Zielgruppe wesentlich kleiner. Während b2c Kampagnen häufig auf Breitenwirkung und Emotionalisierung setzen, spielen bei b2b-Kaufentscheidungen vordergründig objektive Faktoren die dominierende Rolle. Zum anderen geht es hier nicht um Testimonials jedweder Art, deren Image auf das Produkt abfärben soll, sondern um Sachkompetenz.

Daraus leiten sich auch völlig andere KPIs ab: Wenn die Zahl meiner Adressaten überschaubar ist, kommt es darauf an, genau die richtigen Personen zu erreichen. b2b Influencer Marketing ist eine durchaus kleinteilige, stark individualisierte und dadurch auch zeitintensive Tätigkeit. Passende Inhalte zu kreieren, zu kuratieren und zu veröffentlichen ist nur die eine Seite der Medaille: Die aktive Beteiligung an Diskussionen ist mindestens so entscheidend und nimmt oft mehr Zeit-Ressourcen in Anspruch als das bloße Publishing.

Wer sind Influencer im b2b-Umfeld?

Ganz grundsätzlich betrachtet ist im b2b-Bereich jeder ein potentieller Influencer, der Kaufentscheidungen positiv beeinflusst. Das können andere Kunden ebenso sein wie Partner-Unternehmen, Journalisten, Unternehmensberater, Analysten und Co. Solche „Beeinflussungen“ passieren natürlich nicht zufällig, sondern sind das Resultat erfolgreicher Vorarbeit: Projektabschlüsse, mit denen die Kunden zufrieden waren, erfolgreiche PR-Arbeit und ähnliches.

Wenn es aber darum geht, Influencing als strategischen Bestandteil des b2b Marketings zu nutzen, sind die eigenen Mitarbeiter die wichtigsten Influencer. Qualifizierte Experten in die Kommunikation einzubinden, ist keine technische Herausforderung, sondern eine Frage der Unternehmenskultur. Eine solide Vertrauensgrundlage und ausreichende selbständige kommunikative Kompetenzen sind die unabdingbare Voraussetzung.

Welche Kanäle sind wichtig?

Relevant sind alle Kanäle, in denen über die eigenen Dienstleistungen oder Produkte gesprochen wird. Dazu gehören neben der Unternehmens-Homepage alle Social-Media-Kanäle, Newsletter und analogen Medien, beispielsweise eine Kundenzeitschrift. Neben diesen „owned media" spielen auch Fachforen, einschlägige Communities, Webinare und Blogs eine Rolle, ebenso wie in der analogen Welt Fachkonferenzen und persönliche Gespräche.

Im b2b Bereich hat sich in den letzten Jahren ganz klar LinkedIn als relevantestes Social-Media-Netzwerk etabliert. LinkedIn hat mit der engen Verzahnung von Content Marketing und Vertriebsprozessen dem Konzept Social Selling eine umfassende Bühne gegeben, auf der Corporate Influencer zu den wichtigsten Akteuren zählen.

Die in diesem Buch besprochenen Strategien, Formate und Anwendungstipps gelten also sowohl für den b2c-Kontext als auch für den b2b-Kontext. Dabei müssen Sie wie in Kapitel 4 beschrieben immer auf die jeweilige Zielsetzung in Ihrem Anwendungsfall achten, um die passenden Formate und Influencer auszuwählen.

4.4 Formate in der Praxis

Die im Folgenden dargestellten Formate schließen sich nicht gegenseitig aus, sondern sind sogar häufig in der ein oder anderen Art miteinander kombiniert.

Grundsätzlich können die meisten der Formate sowohl von Influencern im Team als auch Solo bearbeitet werden. Teams haben dann einen entscheidenden Vorteil, wenn verschiedene Fähigkeiten für den Erfolg des Projekts nötig sind (z.B. Videoproduktion & Live-Kommunikation).

Reviews & Produkttests

Produktreviews an sich treten meist in der Form von längeren Texten oder Videos auf (mit einem einzelnen Foto ist kaum ein Mehrwert für den Nutzer geschaffen) und sind auch nach Jahren noch im Netz zu finden. Sie sorgen daher langfristig für eine Optimierung der Auffindbarkeit im Internet. In der Regel geht der Influencer hier sehr in die Tiefe und bespricht auch Detailfragen, eventuell folgt er einem festen Muster für seine Beiträge. Reviews und Produkttests findet man häufig in Blogs und YouTube-Channels.

Unboxing

Bei Produktneueinführungen sehr beliebt ist das Format des „Unboxings“ (eine besondere Form des Produkttestes), bei dem der Influencer das neue Produkt samt Zubehör (zum Beispiel ein Smartphone) Schritt für Schritt auspackt. Zumeist zeigt der Influencer das Auspacken in einem Video ausgiebig von allen Seiten, testet die ersten Funktionen, vergleicht mit seinem Erfahrungsschatz und gibt eine erste Meinung dazu ab. Das Format eignet sich deshalb besonders gut für Videokanäle wie YouTube.

Tutorials & Erklärvideos

In Tutorials (Anleitungen) und Erklärvideos (auch „How-to“) geben Experten oder erfahrene Anwender Tipps zur Nutzung eines Produktes, erklären Zusammenhänge oder führen durch Schritt-für-Schritt Anleitungen. Darunter fallen zum Beispiel

- ausgefallene und spezielle Themen (z.B. „How to survive wild animal attacks“, „How to pronounce the R sound in English” oder “How to do the shuffle”);
- genauso wie verbreitete, alltägliche Themen und Hobbies (Make-Up, Kochen & Backen, Zeichnen, Computerspiele etc.)
- oder technische Anleitungen z.B. für die Nutzung von Software, technischen Geräten oder Programmiersprachen.

Auch für dieses Format eignet sich vor allem Bewegtbild, weshalb die Videos häufig zuerst auf YouTube zu finden sind und ggf. auf Facebook oder in Blogs geteilt werden.

Promo-Codes, Rabatte und Aktionen

Bei dieser Kooperationsform stellt das Unternehmen dem Influencer eine Art „exklusiven“ Promo-Code, Rabattcode oder Gutschein zur Verfügung, den dieser mit seiner Community teilen kann. Am häufigsten werden diese Aktionscodes in Bildposts auf Instagram oder Facebook genutzt. Positiver Effekt: Über die Codes lässt sich der Absatzerfolg der Aktion direkt nachverfolgen.

Gewinnspiele und Wettbewerbe

Gewinnspiele und Wettbewerbe sind eine Möglichkeit, die Community zu aktivieren und sind mit vielen anderen Formaten kombinierbar. Häufig sind Gewinnspiele und Wettbewerbe in den sozialen Medien mit einem Aufruf verbunden, z.B.

- eine Frage zu beantworten, indem der Nutzer einen Kommentar hinterlässt, versehen mit einem Kampagnen-Hashtag;
- einen Beitrag teilt und dabei kommentiert;
- Bilder von sich selbst in irgendeiner Kombination mit der Marke/einem Produkt zu posten.
- Dadurch entsteht zusätzliche Reichweite für die Marke.
- Eine weitere Form von Wettbewerben ist, Influencer gegeneinander antreten zu lassen. Je nach Ausgestaltung kann als Preis am Ende zum Beispiel ein langfristiger Kooperationsvertrag winken, die Produktion einer gemeinsamen Produktlinie oder die Teilnahme an einem Event.

Product Placement

Beim Product Placement geht es darum, ein Produkt zum richtigen Zeitpunkt, durch die richtige Person und im richtigen Umfeld (stimmig innerhalb des Contents und des Kanals) zu inszenieren, idealerweise im Rahmen einer Story, die sowohl spannende Inhalte für die Follower des Influencers liefert als auch die Marke glaubwürdig darstellt. Das Produkt (zum Beispiel die Flasche eines bestimmten Sportgetränkes) kommt scheinbar beiläufig im Beitrag vor, ohne explizit beworben oder erwähnt zu werden. Product Placements sind eher in Videos anzutreffen als in Bild- oder Textbeiträgen.

Produktinszenierung

Bei einer Produktinszenierung steht das Produkt offensichtlich im Mittelpunkt des Inhalts, das Video oder Bild wurde explizit für dieses Produkt erstellt. Produktinszenierungen sind üblich auf Instagram und Facebook. Im begleitenden Text wird häufig das Unternehmen verlinkt (Mention), mit Hashtags gearbeitet und zusätzlich eine Verlinkung zum Onlineshop gesetzt (ggf. Affiliate Links).

Affiliate Links basieren auf dem Prinzip der Vermittlerprovision: Ein kommerzieller Anbieter (Händler/Merchant) stellt seinem Vertriebspartner (Affiliate/Publisher) Werbemittel zur Verfügung, in diesem Fall einen personalisierten Link zum Online-Shop. Wenn über diesen Link Verkäufe generiert werden, bekommt der Publisher (in unserem Fall der Influencer) eine Provision. Bekanntes Beispiel ist das Amazon Partnerprogramm.

Takeover

Beim sogenannten Takeover übernimmt ein Influencer für einen begrenzten Zeitraum den Kommunikationskanal des Unternehmens. Er postet also ausnahmsweise nicht von seinem eigenen Profil, sondern im Namen des Unternehmens. Diese Aktion wird natürlich vorher angekündigt und beworben und mit entsprechenden Mentions und Hashtags versehen. Besonders beliebt sind dabei Story-Formate, weshalb Takeover in der Regel auf Instagram, Facebook oder Snapchat zu erleben sind.

Abbildung 27: Beispiel für ein Takeover auf Instagram bei der Stuttgarter Zeitung. Quelle: Stuttgarter Zeitung (2019)

Event Teilnahme

Influencer nehmen (in der Regel auf Einladung des Unternehmens) an einem Event teil oder sind sogar in der Rolle des Gastgebers. Die Aufgaben des Influencers können dabei sehr vielfältig sein: von der Bewerbung des Events vorab, über die Moderation bis zur Live- und Nachberichterstattung. Der Art des Events sind dabei keine Grenzen gesetzt – von der Launchparty über Urlaubsreisen, Festivals, Firmenfeiern und Messen ist alles möglich.

> Inzwischen gibt es auch zahlreiche Event-Formate, die mit dem Konzept „Influencer" arbeiten. Ein Beispiel hierfür ist die **GLOW Beauty-Convention**, die seit 2017 von dm gesponsort wird. Die Endkonsumenten-Messe findet zweimal im Jahr in deutschen Großstädten statt und bietet eine Mischung aus Entertainment (Panel-Talks, Live-Tutorials, Musikauftritte etc.), Ausstellerfläche für Marken der Kosmetik- und Beautybranche sowie der Möglichkeit, Online-Stars wie Stefanie Giesinger, Lisa und Lena oder Judith Williams persönlich zu treffen. Die GLOW by dm in Stuttgart im März 2019 war die bisher größte Convention mit 90 Markenständen, 200 Online- und TV-Stars und mehr als 20.000 Besuchern. https://www.glowcon.de/

Live-Kommunikation

Der Influencer teilt über Live-Formate, Abstimmungen und Stories (z.B. Facebook, Instagram) das aktuelle Geschehen mit seiner Community und lässt sie direkt am Geschehen teilhaben. Die Live-Kommunikation im Rahmen einer Unternehmenskooperation ist sehr häufig mit Events oder Messen verbunden. Sie funktioniert aber auch zum Beispiel beim Besuch in einer Produktionshalle (anlässlich eines Produktlaunches) oder bei Crowdsourcing- und Co-Creation-Formaten, wenn der Influencer Live-Feedback von seiner Community einholen möchte oder Einblicke gibt in den Entstehungsprozess.

Markenbotschafter

Ein für das Branding natürlich häufig genutztes Format ist der Influencer als klassischer Markenbotschafter. Langfristige, wiederholte Kooperationen erzielen einen nachhaltigen Erinnerungseffekt und decken neben der Einführung auch den Rest des Produktlebenszyklus‘ ab. Die Wirkung der Präsenz und die Glaubwürdigkeit des Markenbotschafters lassen natürlich nach, je mehr Marken er vertritt. Wichtiger Aspekt bei der Arbeit mit Markenbotschaftern ist deshalb der Grad der Exklusivität: „(1) Vollständige Exklusivität für eine Marke, (2) Branchenexklusivität sowie (3) räumliche und (4) zeitliche Exklusivität, z. B. für mehrere Jahre, für ein Jahr oder zumindest für eine Jahreszeit." (Kilian 2017, S. 63)

Gemeinsame Produktgestaltung

Für die Einbeziehung Dritter in den Designprozess eines Produktes gibt es in Bezug auf das Influencer Marketing vier Ausprägungen:

[1] Crowdsourcing mit der Community

[2] Co-Creation: Influencer als Editionsentwickler

[3] Co-Creation: Influencer als Produktentwickler

[4] Eigenmarken von Influencern

Crowdsourcing mit der Community

Crowdsourcing ist ein Kunstwort, das sich aus den Begriffen ‚crowd‘ (englisch für Menschenmenge) und ‚outsourcing‘ (englisch für Auslagerung) zusammensetzt und eine gemeinsame Wertschöpfung mit dem Konsumenten beschreibt. Der Konsument ist in seine eigenen Ideen emotional stark involviert, was durch eine Form der Belohnung (materiell oder durch öffentliche Anerkennung) noch unterstützt werden sollte. Crowdsourcing kann auf allen Stufen des Produktlebenszyklus eingesetzt werden, vom Produktdesign bis zum Vertrieb und dem Marketing.

> Die Kosmetik-Marke Balea (von dm) veranstaltete 2017 passend zur Bundestagswahl den „Balea-Wahltag", an dem Nutzer in einem moderierten Facebook Live-Stream über Name, Duft und Design dreier neuer Produkte entscheiden konnten. In mehreren Runden gaben die Fans über Hashtags ihre Meinung

ab. Laut Agenturangaben (Oddity) erreichte die Liveshow „845.000 Personen, wurde 142.000 Mal aufgerufen und erzielte 88.000 Reaktionen." (Müller 2017)

Co-Creation: Influencer als Editionsentwickler

Blogger-Kollektionen sind in der Modeindustrie (z.B. bei H&M) oder anderen Branchen immer häufiger zu finden. Mister Spex hat beispielsweise eine Brillenkollektion gemeinsam mit Influencern entworfen. Hier lässt sich ein Schritt zurück Richtung des altbekannten Testimonial-Modells beobachten, und zwar auf allen Ebenen, von Mikro Influencer bis Mega Star. Die Entwicklung einer eigenen Edition ist für das Unternehmen und die Influencer mit weniger Aufwand verbunden, als eine Eigenkreation: Der Influencer wählt aus dem vorhandenen Sortiment ein Produkt oder eine Reihe von Produkten aus und diese erhalten ein „Facelift" für die Vermarktung. Der kreative Spielraum ist also begrenzt (vgl. Flaig 2018).

Das Konzept der Drogeriemarktkette dm ist einfach: Blogger packen ihre Lieblingsprodukte in eine Box und diese wird im Laden an die Fans verkauft. Die Zutaten für den Hype: limitierte Stückzahl, geheimer Inhalt und ein Überraschungseffekt, indem die beliebten Bloggerinnen erst nach und nach verkündet werden (vgl. Brecht 2017). Das Konzept hatte bereits beim ersten Testlauf 2016 großen Erfolg: die „Schachtelglück"-Boxen waren online nach nur einer Stunde bereits ausverkauft (vgl. Gründel 2017a).

Interessanter Effekt: Durch zahlreiche „Unboxings" der Boxen, die unbedingt als erst von den geheimen Inhalten berichten wollten, wurde weiterer Branded Content erstellt und geteilt.

Limited Editions

Limitierte Editionen, Events oder auch Pop Up Stores generiert in drei verschiedenen Phasen Buzz & Aufmerksamkeit in einer Welt, in der fast alles für absolut jeden jederzeit verfügbar ist (vgl. Brown 2010, S. 228):

[1] Insider und Fans erfahren von der Edition, dem Event, dem Pop-Up Store und verbreiten die Information (Vorfreude)

[2] Menschen kaufen das Produkt, gehen in den Store oder zum Event (absichtlich oder zufällig) und berichten Freunden (Erlebnis)

[3] Wer dabei war/das Produkt besitzt, wird beneidet von denen, die es verpasst haben – und generiert so Nachfrage für die nächste „Limited Edition" (Bedürfnis)

In manchen Märkten funktioniert das Prinzip sogar für **Autos**: Die chinesische Fashionbloggerin Becky Li verkaufte im Juni 2017 in nur fünf Minuten einhundert Autos über den Messenger-Dienst ‚WeChat'. Dabei handelte es sich um eine limitierte, knallig türkise Ausgabe des Mini Cooper im Wert von je ca. 36.000 Euro (China Channel 2017).

Co-Creation: Produktlinie/Produktentwicklung

Die Kooperationen können allerdings auch weitaus größere Dimensionen annehmen: Wenn sich Unternehmen und Influencer für Joint Ventures zusammentun und gemeinsam neue Produktlinien entwickeln. Dabei wird der Influencer in den gesamten Prozess von Entwicklung über Produktion bis hin zum Markteintritt involviert und kann ggf. auch seine Community mit einbeziehen. Da dieser Prozess Wochen oder sogar Monate andauern kann, gibt es vielfältige Möglichkeiten für langfristiges Storytelling und Sneak Previews, die sich positiv auf die Wahrnehmung des Produktes auswirken (vgl. Flaig 2018)

Um den Markteinstieg mit einer neuen Produktkategorie zu meistern, arbeitete der Feinkostanbieter „Born" 2017 mit einer Kombination aus Influencer-Marketing und User-Aktivierung. Fünf Foodblogger, darunter Marry Kotter (marrykotter.de) und

Michael Nölke (salzig-suess-lecker.de), haben für die Kooperation eigene Brotaufstreich-Rezepte kreiert, inspiriert von internationalen Länderspezialitäten. Welche drei Rezepte tatsächlich produziert werden und wie diese heißen sollen, durften die Fans der Blogger über eine Online-Abstimmung entscheiden (vgl. Gründel 2017b).

Eigenmarken von Influencern

Inzwischen gibt es auch Influencer, die ihre eigenen Produkte entwickeln, diese selbst produzieren lassen und dann über eigene Shops vertreiben und/oder Vertriebskooperationen mit dem Einzelhandel einzugehen. Für etablierte Unternehmen bieten solche Kreationen natürlich wenig Potenzial (außer für Einzelhandelsketten, die Exklusivverkaufsrechte einholen könnten). Solche Eigenmarken sind äußerst selten und den großen Stars vorbehalten, aber sie funktionieren:

Bibi (YouTube-Kanal ‚BibisBeautyPalace‘) ist hierfür ein bekanntes Beispiel. Was die YouTuberin in die Kamera hält, ist regelmäßig am nächsten Tag vergriffen. Mit ihrer eigenen Kosmetikmarke ‚Bilou‘ belegt sie 2017 bereits fast fünf Prozent Marktanteil in den deutschen Drogerien im Duschbadsegment. Ihr Duschschaum war in vielen Filialen (damals exklusiv bei dm) schon wenige Stunden nach Verkaufsstart im Dezember 2015 ausverkauft (vgl. Rest 2017, S. 34). Was mit einem Produkt und zwei Sorten startete, ist längst eine starke Marke, die mit verschiedenen Produktlinien (siehe Abbildung 28) und immer neuen Duftrichtungen wie „Frosty Mint“ (Minz-Eis mit himmelblauen Blueberries) inzwischen bei den drei größten Drogerieketten Deutschlands (dm, Rossmann und Müller) zu kaufen ist. Das erste Parfüm der YouTuberin wird sogar bei Douglas im Regal stehen.

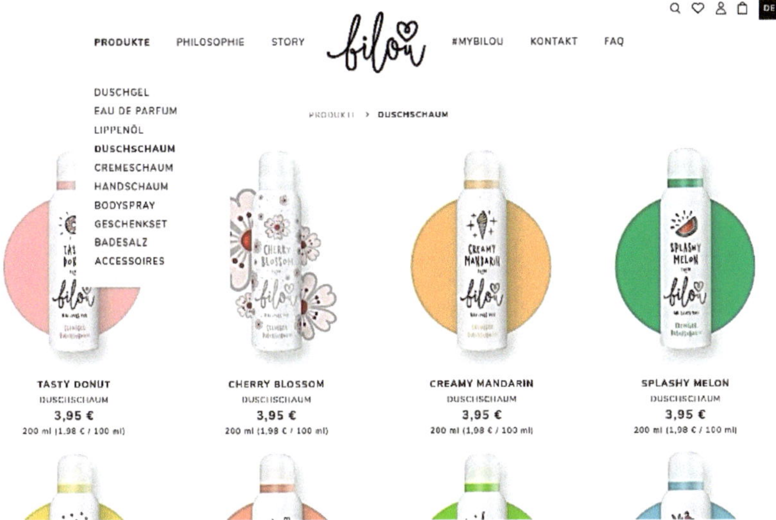

Abbildung 28: Produkt-Übersicht bilou. Quelle: nuwena GmbH 2019

Community Management

Aktiv in Online Communities, Foren und sozialen Netzwerken zu kommunizieren, kann die Stimmung rund um eine Marke positiv beeinflussen, solange das Unternehmen nicht zu stark in die Kommunikation zwischen den Konsumenten eingreift. Voraussetzung für ein erfolgreiches Community Management sind unter anderem hochwertige Inhalte, die Stimulation der Interaktion zwischen Community-Mitgliedern und das Belohnen von hoher Aktivität mit monetären und nicht-monetären Anreizen.

Content Produktion

Influencer sind selbst Content-Produzenten und sind häufig bereit oder sogar interessiert daran, im Auftrag von Unternehmen Fotos, Texte oder Videos zu produzieren und auch als Ideengeber zu agieren.

Bei solchen Kooperationen muss der Auftraggeber unbedingt darauf achten, wie qualifiziert der Influencer ist, und gegebenenfalls mit dem passenden Equipment (z.B. für den Videodreh) aushelfen oder den Influencer für einen Tag mit einem professionellen Kamerateam ausstatten. Hier sind auch Influencer Teams eine sinnvolle Möglichkeit.

> Ein treffendes Beispiel für ein
>
> - langfristig angelegtes Projekt mit Storytelling-Fokus (Strategie)
> - im Sinne der Markenpflege, v.a. bei einer jungen Zielgruppe, anhand von Content Marketing (Anwendungsfelder)
> - durch Content Produktion, Tutorials und Product Placements zusammen mit Markenbotschaftern (Formate)
>
> ist die **ebay Kleinanzeigen WG** – eine YouTube-Sitcom über eine chaotische Influencer-Wohngemeinschaft. Unter dem Motto #MehrAnzeigen zogen 2017 die YouTuber Kleinaber-Hanna und Die Junggesellen für den bekannten Online-Kleinanzeigenmarkt in eine fiktive WG. Inzwischen „wohnt" Hanna

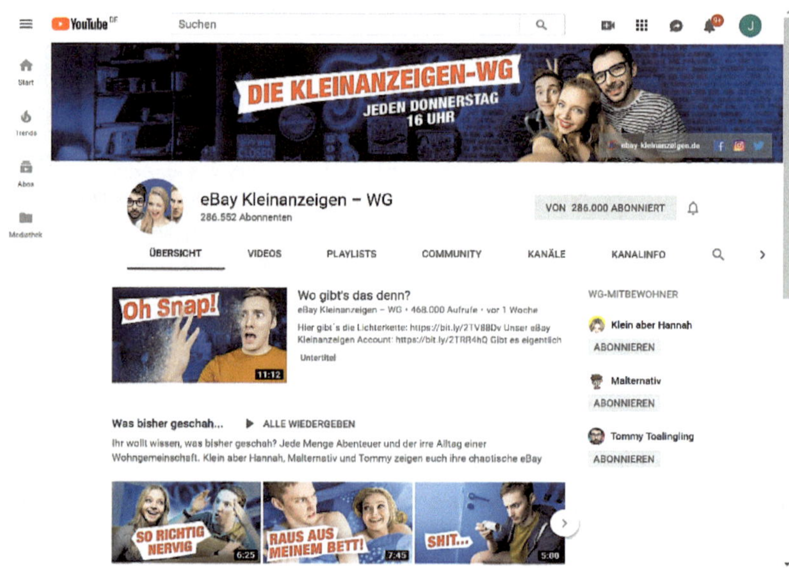

Abbildung 29: YouTube Channel der ebay Kleinanzeigen-WG
Quelle: ebay Kleinanzeigen-WG (2019)

mit Malternativ und Tommy Toalingling zusammen. Jeden Donnerstag pünktlich um 16 Uhr erscheint die neue Episode, die einer jungen Zielgruppe unterhaltsame und manchmal auch lehrreiche Geschichten erzählt, in denen mal mehr, mal weniger prominent ebay Kleinanzeigen eine Rolle spielen.

Das Konzept bewährt sich nachhaltig: Sowohl im April als auch im Juni 2019 konnte eine Episode der Webserie die Pole Position in den YouTube-Werbecharts ergattern (vgl. Theobald 2019b).

Neben dem YouTube-Kanal haben die drei selbstverständlich einen ebay Kleinanzeigen Account, über den sie selbst verkaufen, suchen und kaufen. Die Einnahmen gehen ohne Ausnahme an den Verband der Deutschen Ev. Bahnhofsmission e.V.

https://www.youtube.com/user/eBayKleinanzeigen/about

https://www.ebay-kleinanzeigen.de/pro/eBay-Kleinanzeigen-WG

FORMAT → / ↓ ANWENDUNGS-FELD	Reviews & Produkttests	Unboxing	Tutorials & Erklärvideos	Rabatte & Aktionen	Gewinnspiele Wettbewerbe	Product Placement	Produkt-inszenierung	Event Teilnahme	Live-Kommunikation	Takeover	Marken-botschafter	Community Crowdsourcing	Co-Creation: Edition	Co-Creation: Produkt(linie)	Community Management	Content Produktion
Produktneueinführung	◆	◆	◆	◆	◆		◆	◆	◆	◆	◆					◆
SEO	◆		◆													◆
Abverkaufsinstrument				◆	◆							◆	◆	◆		
Brand Building						◆	◆	◆	◆	◆	◆		◆	◆		
Neue Kanäle bespielen	◆	◆	◆	◆	◆	◆	◆	◆	◆		◆					
Junge Zielgruppen	◆	◆	◆	◆	◆	◆	◆	◆	◆	◆	◆	◆	◆	◆		
Dialogpotenzial								◆	◆			◆	◆	◆	◆	
Marktforschung									◆			◆	◆	◆	◆	
Produktentwicklung		◆		◆	◆		◆	◆	◆	◆		◆	◆	◆		
Content Marketing			◆							◆						◆
Content-Produzent			◆					◆								◆
Corporate Influencer			◆					◆		◆	◆				◆	
Employer Branding								◆	◆	◆					◆	
Thought Leadership			◆					◆	◆	◆	◆				◆	
B2B Influencer Marketing	◆		◆					◆			◆					

Abbildung 30: Welche Formate sind für welche Anwendungsfelder empfehlenswert?

Die vorstehende Tabelle (Abbildung 30) stellt eine Übersicht dar, welche Formate (Kapitel 4.4) in welchen strategischen Anwendungsfeldern (Kapitel 4.3) in der Regel häufig vorkommen oder sinnvoll einsetzbar sind.

5 Management von Influencer Marketing

In diesem Kapitel erfahren Sie:

- auf welche Weise Sie Influencer Kooperationen organisieren können,
- wie Sie die richtigen Plattformen und passende Influencer für Ihr Vorhaben auswählen,
- wie Sie eine Influencer Kooperation operativ umsetzen,
- woran Sie erkennen, ob Ihre Aktion erfolgreich war.

Wie jede andere Marketingmaßnahme muss auch Influencer Marketing sorgfältig gemanagt werden – schon bevor eine Kampagne startet, während die Kampagne läuft und auch nachdem sie bereits geendet hat.

Häufig legen Managementmodelle, die von Agenturen bisher zum Influencer Marketing veröffentlicht wurden, einen Fokus auf eine dieser Phasen – zum Beispiel die Vorarbeit bis zur Ansprache des Influencers oder die Evaluation während und nach der Zusammenarbeit. Dieser Fokus leitet sich in der Regel aus dem Leistungsangebot der Agentur ab. Grundsätzlich kann aber für das Management von Influencer Kooperationen ein holistisches Phasenmodell Orientierung geben, das auch den Kapiteln 4 und 5 dieses Buches seine Struktur gibt (siehe Abbildung 31):

[1] Strategie und Zieldefinition (siehe Kapitel 4)

[2] Konzeptentwicklung und Definition von Assets

[3] Auswahl von passenden Kommunikationskanälen

[4] Selektion geeigneter Influencer

[5] Operative Umsetzung des Projekts (inkl. Ansprache)

[6] Evaluation der Ergebnisse

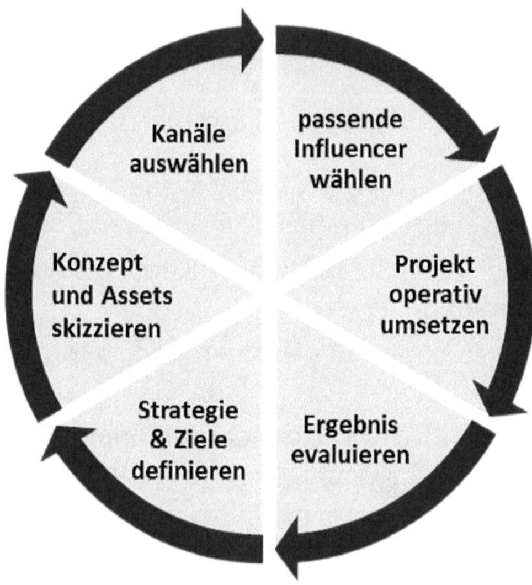

Abbildung 31: Phasenmodell zum Managen von Influencer Marketing

Grundsätzlich kann man die Suche nach dem geeigneten Influencer natürlich manuell durchführen, in dem man zum Beispiel über Google, Datenbanken, eigene Kontakte oder die Plattformen selbst nach passenden Hashtags und Keywords filtert und Beiträge mit hohen Reichweiten und Interaktionen sucht. In der Regel haben Soziale Netzwerke auch eine „Explore"-Seite oder Funktionen, die auf Trends basieren und ähnliche oder beliebte Profile vorschlagen.

All das kann aber natürlich auch datenbasiert und (teil-)automatisiert geschehen. Sowohl für die Suche und Analyse als auch für Abwicklung, Administration und Controlling gibt es unterstützende Software, die entweder das Unternehmen selbst oder ein beauftragter Dienstleister verwenden kann. Unabhängig davon, woher die erste Liste mit Influencer-Namen stammt, muss jeder Influencer anschließend individuell betrachtet, seine Zielgruppen analysiert und mögliche Anknüpfungspunkte zur eigenen Marke untersucht werden.

Plädoyer für Automation - Programmatic Influencer Marketing

Das sagt der Experte

Levin Vostell ist Gründer und CEO der INFLURY GmbH. Influry bietet eine Software für Programmatic Influencer Marketing an, die auf automatisierte Instragram Product Placements spezialisiert ist.

Herr Vostell, was kann Programmatic Influencer Marketing?

Ein programmatischer Ansatz bietet vor allem eine schnelle Buchung und Ausspielung sowie Sicherheit in Bezug auf Fraud (z.B. bzgl. Reichweiten). Außerdem kann ein Post-Template vorgegeben werden, um die Markenidentität des Werbetreibenden zu schützen und in der Kampagne konstant umzusetzen (vergleichbar mit einem Moodboard).

Ein guter Anbieter regelt außerdem die gesamte Abwicklung der Kampagne, von Legal-Fragen über Content, Bezahlung etc. bis hin zum ausführlichen Tracking und Reporting – alles an einem zentralen Ort. Der Ansatz bietet dann Vorteile, wenn man mit Mikro-Influencern zusammenarbeitet, da große Influencer stärker individuelleren Content veröffentlichen wollen in Kooperationen.

Warum sollte man Influencer Marketing automatisieren?

Erfahrungsgemäß wird die Kooperation durch die Automatisierung kostengünstiger, da man nicht abhängig von Verhandlungen mit einzelnen Influencern ist, sondern eine breite Masse von Influencern anfragen und buchen kann. Da gleichzeitig viele Daten generiert und ausgewertet werden, kann die Kampagne faktenorientiert und automatisch optimiert werden.

Gleichzeitig bedeutet es eine Zeitersparnis, z.B. bei der Auswahl: Da die Vorgaben für die Posts dem Influencer bereits vor Kampagnen-Beginn bzw. Kontaktaufnahme vorgestellt werden, nehmen in der Regel nur Influencer teil, die den Content der Kampagne authentisch finden und authentisch weitertragen. Erfolgreiche Konzepte kann man skalieren, d.h. mit vielen Influencern auf einmal umsetzen, wodurch in kurzer Zeit viel Content entsteht, denn das Unternehmen nutzen kann.

Was ist die größte Herausforderung?

Automatisiert für einen Brand Fit der Influencer zu sorgen. Wir entwickeln aktuell Technologien, die das abbilden sollen – und bis dahin haben wir eine manuelle Qualitätskontrolle eingebaut, innerhalb der unser ExpertInnen-Team die Influencer überprüft.

Wie wichtig schätzen Sie Automatisierung bzw. einen programmatischen Ansatz für die folgenden Bereiche ein?

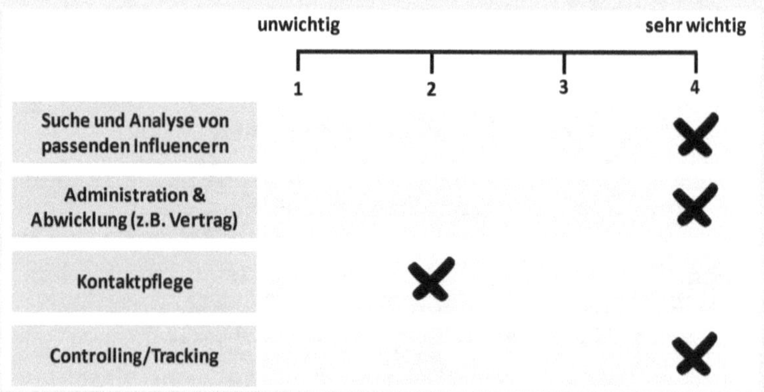

Abbildung 32: Bedeutung von Automation im Influencer Marketing für verschiedene Bereiche nach Levin Vostell

Plädoyer für Handarbeit - Manuelles Influencer Marketing

Das sagt die Expertin

Stefanie Söhnchen ist Head of Marketing bei der innogy Consulting GmbH. Hier verantwortet sie ganzheitlich alle online und offline Marketingaktivitäten sowie PR und interne Kommunikation.
Als erfahrene Führungskraft und internationale Marketing-Expertin weiß sie, wie Ressourcen am effektivsten einsetzbar sind. Digital-Strategie und -Marketing gehört seit vielen Jahren zu ihren Spezialgebieten, das sie unter anderem bei der Daimlertochter car2go in Europa, Nordamerika und China zum Einsatz bringen konnte

Frau Söhnchen, was kann manuelles Influencer Marketing?

Wenn nachhaltiges Agieren im Marketing eine Rolle spielen soll – das heißt beispielsweise, dass Investments von Ressourcen nicht nur einmalige, sondern wiederkehrende ROIs haben – ist ein manueller Faktor meiner Meinung nach ausschlaggebend. Manuell können wir gezielt auf die Bedürfnisse einer Influencer-Beziehung mit unserer Marke eingehen: Bei einer langfristigen Zusammenarbeit stehen nicht alle Engagements „an der gleichen Stelle“ und man kann als Mensch sehr genau darauf reagieren, was gerade für die Zusammenarbeit wichtig ist.

Außerdem baut sich über die Zeit durch menschlich-manuelle Interaktion eine Beziehung auf, die eine gewisse Tiefe hat. So können die Marketing-Experten und der Influencer ihre Rollen als Repräsentanten der Marke vertiefen und gemeinsam ausgestalten.

Warum sollte man Influencer Marketing manuell betreuen?

Die Identität einer Marke ist etwas sehr Konkretes und ungemein Wichtiges. Diese Identität durch einen Influencer repräsentieren und amplifizieren zu lassen, erfordert daher (neben einer klaren CI) auch ein sehr gutes Gefühl für den Marketing-Partner. Die Variablen, auf die eine rein automatisierte Handhabung schaut, treten aktuell immer weiter in den Hintergrund für eine solche Beurteilung (z.B. die zeitnahe Ausblendung von Likes auf Instagram & Facebook). Außerdem kann ein Mensch im heutigen Internet-Zeitalter viel besser überprüfen, ob das, was hinter Filtern und facetune steckt auch wirklich das repräsentiert, was der jeweiligen Marke entsprechen soll.

Was ist die größte Herausforderung?

Wie bei allen manuellen Prozessen sind es die Ressourcen. Hier geht es oft nicht „schnell, schnell" – es braucht dedizierte MitarbeiterInnen, Budget und vor allem Zeit. Zeit zur Auswahl, für Austausch und Beziehungspflege sowie die manuelle Steuerung und Qualitätssicherung von Kampagnen.

Wie wichtig schätzen Sie Handarbeit bzw. einen manuellen Ansatz für die folgenden Bereiche ein?

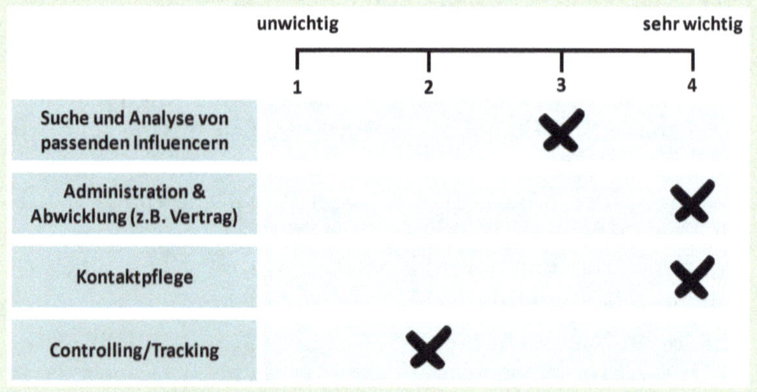

Abbildung 33: Bedeutung von Handarbeit im Influencer Marketing für verschiedene Bereiche nach Stefanie Söhnchen

5.1 Formen des Projektmanagements

Für das Management von Influencer Marketing-Projekten lassen sich drei Herangehensweisen unterscheiden:

- Automatisierte Online-Marktplätze (auch Turnkey Service);
- die klassische (Full-Service-)Agentur in verschiedenen Ausprägungen;

- und das Inhousing, sprich: die Abwicklung im Unternehmen selbst durch eigene Mitarbeiter.
- Jeder der drei Ansätze hat seine Berechtigung. Eine Auswahl kann immer nur vor dem spezifischen Hintergrund des Unternehmens und der eigenen Strategie getroffen werden.

Weitere „Player" sind **Künstlernetzwerke bzw. Künstleragenturen**. Wie man es von Musikern, Sportlern und anderen Celebrities kennt, haben sich auch im Influencer Marketing sogenannte Agenten für die reichweitenstärksten Influencer gefunden (z.B. Maze Management, Tewe Media oder WhiteCast). Die Künstleragentur übernimmt in der Regel die Bearbeitung von Anfragen, die Abwicklung von Verträgen, Werbung und Öffentlichkeitsarbeit oder die Planung von Veranstaltungen. Im internationalen Sprachgebrauch hat sich auch der Begriff **„Talent Management"** etabliert.

Charles Bahr, Gründer der Beratungsagentur tubeconnect media, warnt allgemein vor dem „Stille-Post-Effekt": zu viele Beteiligte führen dazu, dass Informationen verloren gehen oder missverstanden werden und Abstimmung und Umsetzung sich in die Länge ziehen. „Wenn der Kunde zu seiner Mediaagentur geht, die dann eine Agentur für Influencer Marketing brieft oder pitchen lässt, diese Agentur dann zu den einzelnen Managements geht und diese dann erst zu den Influencern, hat man viel zu viele Instanzen in einem Prozess, der bereits grundlegend schon sehr aufwendig gestrickt ist." (Bahr 2018, S. 6)

Mit dem Hype um Influencer Marketing sind unzählige Plattformen, Online-Marktplätze, Tool-Anbieter und Agenturen in den Markt eingetreten, die versuchen, Influencer und Unternehmen zusammenzubringen – darunter zahlreiche Neugründungen, aber auch etablierte Agenturnetzwerke, die versuchen, Kompetenzen in diesem Bereich aufzubauen. Das Leistungsspektrum von Influencer Marketing-Dienstleistern umfasst prinzipiell zwei Ansätze, die natürlich in verschiedenen Ausprägungen kombiniert werden können:

[1] technisch: Hinter den Angeboten stecken häufig umfassende Datenbanken mit Kategorien (z.B. Alter, Interessen etc.) und automatisierte Tools, die über Schnittstellen die Echtzeit-Daten aus den Profilen der Influencer auswerten, um ein Matching von Influencer und Unternehmen vorzunehmen.

[2] beratend: Dienstleister beraten über das Matching hinaus bzgl. Kreation und Prozess und unterstützen operativ beim Kampagnenmanagement (von der Ansprache bis zur Auswertung).

Inhousing (mit Tools & Datenbanken)

Aktuell geht der Trend immer stärker in Richtung Inhousing – sprich: die Unternehmen verzichten (soweit es ihnen möglich ist) auf die Agentur als Mittelsmann, bauen die Ressourcen und Kompetenzen im eigenen Haus auf und arbeiten direkt mit dem Influencer zusammen.

Vielen Unternehmen fällt es allerdings schwer, das Influencer Marketing strukturell zu verorten. Wer ist der richtige Ansprechpartner dafür? Der Marketingleiter? Der Teamleiter Social Media? Der Medialeiter? Der Vertriebsleiter? Der Pressesprecher? Oder alle zusammen? Eine standardisierte, erprobte Lösung gibt es bisher auch in Unternehmen mit Influencer-Erfahrung nicht.

Der erste mögliche Schritt zur Einordnung ist hier die Unterscheidung zwischen Relations (die bei den Presseverantwortlichen liegen) und dem Marketing. Innerhalb des Marketings kommt es darauf an, wie ausdifferenziert bzw. wie groß das Team ist. In der Regel wird Influencer Marketing dem Digitalen oder dem Social-Media-Team zugeordnet. Innerhalb des Teams ist Influencer Marketing ein Querschnittsthema: Eventuell sind in großen Teams einzelne Personen auf bestimmte Kanäle spezialisiert, aber in der Regel betreuen alle im Team das Thema gemeinsam, eventuell mit punktueller Unterstützung aus anderen Abteilungen (z.B. der

Rechtsabteilung). Influencer Marketing ist nun mal für die meisten Marketingverantwortlichen nur eine von vielen Aufgaben im Alltagsgeschäft.

Abbildung 34 gibt einen Überblick darüber, in welchen Abteilungen die Marketingentscheider aktuell arbeiten, die Influencer-Kooperationen betreuen.

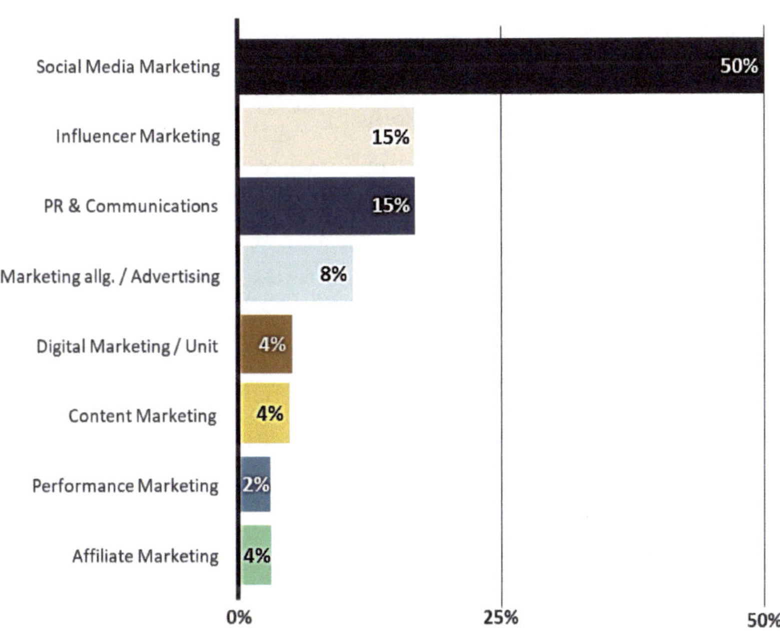

Abbildung 34: Verortung von Influencer Marketing innerhalb des Unternehmens.
Quelle: vgl. Bundesverband Digitale Wirtschaft e.V. 2018, S. 6

Je mehr Arbeitsschritte das Unternehmen selbst übernimmt, desto niedriger sind natürlich die Kosten. Außerdem hat ein Unternehmen beim Inhousing den Vorteil, dass die Kommunikation schneller funktioniert (weniger Beteiligte), dadurch weniger Fehlerquellen vorhanden sind und eine genauere Kontrolle möglich ist (direkter Zugriff auf Reportings). An sich ist das Unternehmen außerdem am besten dazu in der Lage, den Marken-Fit des Influencers zu beurteilen.

Wer so selbstgesteuert arbeiten möchte, findet Unterstützung in speziellen Software-Tools, die zum Beispiel über eigene Datenbanken passende Influencer vorschlagen. Tool-Tipps finden Sie jeweils in den nachfolgenden Kapiteln:

- Recherche & Analyse: Kapitel 5.4 (Identifikation von Influencern)
- Plattformen & Marktplätze: Kapitel 5.1 (Formen des Projektmanagements)
- Analytics: Kapitel 5.6 (Controlling)

Bei der Arbeit mit onlinebasierten Analyse-Tools und Datenbanken wird empfohlen, nicht alles über einen Anbieter abzuwickeln. Unterschiedliche Analyse-Tools können bei der Frage nach der gleichen Kennzahl abweichende Ergebnisse ausgeben – jeweils abhängig von ihrem selbst festgelegten Algorithmus. Manche Unternehmen entwickeln zusätzlich eigene Tools, um die Bewertung von Influencern zu individualisieren.

Für die Influencer ist das Inhousing ebenfalls angenehm: Sie kennen ihre Community immerhin am besten und möchten ihre eigenen Ansprüche erfüllen, weshalb sie Wert darauflegen, den kreativen Prozess stärker zu beeinflussen oder ganz zu übernehmen (vgl. Priebe 2017).

Allerdings müssen für ein selbstgesteuertes Influencer Marketing sowohl die nötigen Ressourcen als auch die Kompetenzen unter den eigenen Mitarbeitern aufgebaut werden – und es sollte ein besonderes Augenmerk auf die Influencerauswahl gelegt werden, denn der Erfolg hängt in diesem Fall auch stark von dessen Fähigkeiten ab.

Oft sind Mischformen zu beobachten: Das Unternehmen lagert zeitaufwendige Recherchen, die aus Kapazitätsgründen nicht inhouse geleistet werden können, aus und bekommt Zugriff auf das vorhandene Marktwissen, da Agenturen in der Regel näher am Trendgeschehen und an der Szene dran sind als das Unternehmen selbst. Die strategische Ausrichtung und Projektsteuerung bleiben aber im eigenen Haus.

Die (Full-Service-)Agentur

Full-Service-Agenturen bieten ein umfassendes Leistungspaket an, dass im Zweifel die komplette Abwicklung einer Kampagne umfasst:

- allgemeine Beratung & Analysen;
- Influencer-Recherche & Scouting;
- Trend-Reporting;
- Kampagnenkonzeption;
- Influencer-Vermittlung;
- Umsetzung und Überwachung der konkreten Kooperation;
- Auswerten der Ergebnisse.

Eine Full-Service-Agentur bietet Flexibilität, eine stärker zugeschnittene, individualisierte Influencerauswahl und meist auch eine höhere Qualität, denn die Influencer müssen bestimmte Mitgliedsbedingungen erfüllen. Die Rolle der Agentur ist in der Regel eine begleitende, organisatorische oder koordinierende; teilweise ist sie auch Ideen- und Impulsgeber.

> Wenn zum **Beispiel** eine Kooperation in einem fremden Land oder einer fremden Stadt geplant ist, kann eine lokale Agentur Sprachbarrieren abbauen und fehlende Ortskenntnisse ausgleichen.

Zusätzlich stellen viele Agenturen Projektmanager, die Abwicklung und Auswertung übernehmen. Dadurch ist die Full-Service-Agentur eine entsprechend teure Lösung und vor allem dann sinnvoll, wenn keinerlei Kompetenzen oder Ressourcen (Zeit/Personal) im eigenen Haus vorhanden sind. Nachteil bei einer externen Komplettlösung ist natürlich, dass kein direkter Kontakt zum Influencer besteht – der Aufbau von langfristigen Beziehungen zwischen Influencer und Marke ist also kaum möglich.

Angesichts der Masse an (neuen) Agenturen und Dienstleistern auf dem Markt, fällt die Auswahl ähnlich schwer wie bei den Influencern selbst (siehe Kapitel 6). Im Grunde gibt es zwei Arten von Influencer Marketing Agenturen:

[1] Influencer Marketing Agenturen, die sich neu gegründet haben oder aus technischen Dienstleistern hervorgegangen sind, die ihr Portfolio um die Beratungsleistung erweitert haben.

[2] Etablierte Werbeagenturen, Kreativ- und Digitalagenturen, die nachträglich Kompetenzen aufbauen oder spezialisierte Dienstleister aufgekauft haben.

Unternehmen greifen in der Tat gerne auf Agenturen zurück, mit denen sie für andere Themen wie Social Media im Allgemeinen bereits zusammenarbeiten. Nicht immer haben diese Agenturen allerdings Influencer-Marketingerfahrung. Scheuen Sie sich in diesem Fall nicht davor, Ihre Agentur um eine Referenz zu bitten für die Konzeption einer Influencer Kampagne.

Eine erfahrene und kompetente Agentur ist außerdem daran zu erkennen, wie viel Praxiserfahrung mit den betreuten Kanälen die Mitarbeiter selbst vorweisen können, wie viele und welche Art von Influencern im Portfolio stehen und ob eine Kennzeichnung der Werbung vorgeschrieben ist oder nicht. Einzelne Marktplätze und Agenturen bieten explizit Kooperationen an, die gezielt nicht als Werbung gekennzeichnet werden, wovon in jedem Fall abzuraten ist – sowohl vor dem gesetzlichen Hintergrund (siehe Kapitel 7) als auch wegen des Risikos eines Imageschadens.

Fragen Sie außerdem, mit welchen (externen) Marktplätzen, Tools oder Datenbanken die Agentur arbeitet, oder ob eventuell sogar eigene Technologie vorhanden ist. Wie weiter oben bereits erwähnt sind einige Dienstleister aus Technologie-Anbietern hervorgegangen, die speziell für die Influencer-Umgebung Problemlösungen entwickelt haben. Das lässt auf ein gewisses Knowhow und Verständnis für die Branche schließen.

Plattformen bzw. Marktplätze

Online-Marktplätze für Influencer Marketing funktionieren so, dass Unternehmen oder Agenturen konkrete Projekte als Ausschreibung einstellen, auf die sich Influencer anschließend bewerben (z.B. HitchOn oder Trusted Blogs). Bei einzelnen Plattformen ist es außerdem möglich, dass Influencer eigene Ideen für Aktionen anbieten können. Je nach Leistungsumfang stellen die Anbieter auch Tools zur Verfügung, die das Managen und Abwickeln einer Kampagne erleichtern sollen. Abgerechnet wird in der Regel über Provisionen, die sich im Rahmen von zehn bis zwanzig Prozent bewegen – gemessen am Honorar, das Influencer und Unternehmen vereinbaren. In selteneren Fällen wird ein Pauschalpreis pro Ausschreibung angesetzt.

Diese Leistungen werden häufig als sogenannte „Turnkey Provider Services“ angeboten. Der Begriff Turnkey stammt aus der Welt der Softwareentwicklung und beschreibt eine fertige Komplettlösung, die einer breiten Masse von Käufern angeboten wird. Online-Marktplätze sind also eher standardisierte Musterlösungen oder programmatische Ansätze. Sie eignen sich vor allem für Projekte mit breiten Zielgruppen, für die Zusammenarbeit mit vielen Influencern zur gleichen Kampagne oder für einmalige und kurzfristige Aktionen. Falls die Zusammenarbeit mit bestimmten Influencern sehr gut funktioniert, kann eine solche Plattform theoretisch auch den Grundstein legen für den Aufbau langfristiger Markenbotschafter. Die Beziehungspflege und weitere Kooperation ist dann allerdings nicht mehr über den Marktplatz abbildbar. Das Management der Kampagne liegt beim Werbetreibenden selbst.

Auch hier gibt es Mischformen: einige Matching-Plattformen bieten über den Self-Service hinaus auch einen Full-Service bzw. Managed Service an:

- Self-Service: Das Unternehmen kauft sich den Zugang zur Software und/oder Datenbank ein und nutzt diese eigenständig zur Umsetzung und Verwaltung von Kampagnen.

- Full-/Managed-Service: Das Unternehmen kauft zusätzlich Beratungsleistung ein bis hin zum Full-Service, der die komplette Planung, Steuerung und Auswertung übernimmt (natürlich ebenfalls auf Basis der Informationen aus der hauseigenen Software/Datenbank)

Bei der Auswahl einer solchen Plattform sollte ein genauer Blick darauf geworfen werden, wie stark die Lösungen auf das Unternehmen, den Influencer oder den inhaltlichen Kontext angepasst sind. Die Algorithmen der Datenbanken und Matching-Mechanismen sind meist stark auf die Zahlen fokussiert (Reichweite, Likes etc.) – denn inhaltliche Qualität oder die Nähe zu bestimmten Themen ist maschinell nicht ganz so einfach abzubilden. In einigen Fällen ist außerdem die Auswahl beschränkt auf verschiedene vordefinierte Pakete, die wenig bis gar keine Anpassung an spezielle Kundenanforderungen anbieten. Wenn es der Anbieter ermöglicht, fragen Sie durchaus danach, aus welchen sozialen Netzwerken automatisiert Daten einlaufen oder bitten Sie darum, dass er Ihnen die Plattform (also die Umgebung für Ihr Angebot) aus Sicht des Influencers zeigt.

Tipps für Tools und Datenbanken

Im Folgenden finden Sie eine Auswahl an (in der Regel kostenpflichtigen) Matching-Plattformen, die Influencer mit Unternehmen zusammenbringen wollen und für die Nutzung im deutschen Sprachraum sinnvoll sind. Die Auflistung ist in keinem Fall als abschließend zu verstehen und alphabetisch sortiert.

BuzzBird: BuzzBird unterstützt sowohl beratend (Konzeption und Reporting) als auch mit einer webbasierten Software bei der Erstellung eines Briefings für Kampagnen und bietet Performance-, Profil- und Zielgruppendaten von Markenbotschaftern sowie Reichweiten- und Kostenprognosen für die Auswahl passender Influencer.

https://buzzbird.de/

Agenturleistung: Hybrid aus Agentur & Technologie

Claim: Die Influencer Marketing Experten

Channels im Fokus: YouTube, Instagram, Facebook, Blogs
Akkreditierte Influencer: 10.000

HashtagLove: Wurde 2014 laut eigenen Angaben als „erste“ deutsche Influencer Marketing Plattform von der Agentur Inpromo gegründet. HashtagLove bietet ein breit gefächertes Angebot an geprüften Influencern für deutschsprachige Zielgruppen und zahlreiche Kanäle.

https://reachhero.de/_

Agenturleistung/Preismodell: kein Self-Service; Kombination aus Influencer Marketing Plattform und Agentur (inpromo)

Claim: Die deutsche Full-Service Influencer Marketing Plattform.

Channels im Fokus: Twitter, Instagram, Facebook, YouTube, Snapchat, Blogs

Akkreditierte Influencer: 6.000

HitchOn: Unternehmen können Angebote & Briefings einstellen, auf die sich registrierte Influencer bewerben können. Dabei unterscheidet HitchOn drei Formate: Product Placement, Testimonial und Sponsoring (damit sind langfristige Markenbotschafter gemeint). HitchON bietet ein Tool zur Bestimmung des Marktwerts eines Influencers oder Unternehmens an: ValU.

https://hitchon.de/

Agenturleistung/Preismodell: Kombination aus Influencer Marketing Plattform und Agentur; kein Self-Service

Claim: Ihre Agentur für YouTube und Influencer Marketing

Channels im Fokus: YouTube
Akkreditierte Influencer: 30.000+

InFlury: Influry bietet komplett automatisierte Mikro-Influencer Marketing-Kampagnen an sowie die Erweiterung durch eigene Social Media-Anzeigen und Retargeting.

https://influry.com/

Agenturleistung/Preismodell: All-In-One-Lösung: Kombination aus Software und Experten, die bei der Umsetzung unterstützen; Staffelung der Pakete nach Reichweite und Anzahl der berücksichtigten Einflussfaktoren

Claim: INFLURY ist die erste programmatische Influencer-Marketing-Software

Channels im Fokus: Instagram

Akkreditierte Influencer: 3+ Millionen Mikro-Influencer

Reachbird: Reachbird ist sehr stark datengetrieben und bietet ein sehr umfassendes Leistungsportfolio an: Influencer Selektion & Matching (Künstliche Intelligenz/Suchmaschine); Influencer Relations (Beziehungsaufbau, Krisenmanagement etc.); Kampagnenmanagement (Abwicklung, Live-Reporting etc.); Channel & Community Management (Verlängerung/Verknüpfung mit Unternehmenseigenen Kanälen); Marktforschung (Produktfeedback, Produktentwicklung etc); Social Ads (Reichweitenverlängerung); Legal & Paymentabwicklung (Honorarverhandlung, Vertragsgestaltung etc.); Strategieberatung (Influencer als Teil der Unternehmenstrategie verstehen)

https://www.reachbird.io/de/influencer-marketing-agentur/

Agenturleistung/Preismodell: Self-Service-Package mit Zugang zu den Tools und Datenbanken; Full-Service-Package mit Success Manager und Beratung in allen Prozessschritten

Claim: Die intelligenteste Influencer Marketing Plattform

Channels im Fokus: Instagram, YouTube, Blogs

Akkreditierte Influencer: 25.000

ReachHero: Es wird ein Marktplatz angeboten, eine Software zum Managen von Influencer-Beziehungen und darüber hinaus unterstützende Agentur-Dienstleistungen. Da ReachHero bereits Influencer mit 1000 Followern in der Datenbank führt, bietet sich die Plattform auch für kleine Unternehmen an.

https://reachhero.de/

Agenturleistung/Preismodell: Self Service (Marktplatz); Managed Service (Full Service Agentur); IRM (Influencer Relationship Management Software)

Claim: Alles aus einer Hand.

Channels im Fokus: Twitter, Instagram, Facebook, YouTube, Snapchat, Blogs

Akkreditierte Influencer: 70.000

Territory Influence, Incircles & Trnd: die drei Bausteine des Gruner und Jahr Plattform-Ökosystems für Influencer Marketing: Incircles (Influencer mit mehr als 10.000 Followern), Trnd (Influencer mit weniger als 10.000 Followern) und Territory Influence (Full-Service Dienstleister). Neben der Agenturleistung bietet Territory eine eigene Software zur Kampagnensteuerung an und crossmedial verknüpfte Kampagnen durch die Zugehörigkeit zum Medienunternehmen Bertelsmann.

https://territory-influence.com/de/

Agenturleistung/Preismodell: kein Self-Service; Kombination aus Influencer Datenbank(en) und Agentur

Claim: Europas größtes validiertes Influencer Portfolio mit Nano-, Mikro-, Makro- und Star Influencern

Channels im Fokus: Instagram, Facebook, YouTube, Blogs

Akkreditierte Influencer: 4+ Millionen

Trusted Blogs: Eine Plattform, die Blog-Marketing ohne besondere Vorkenntnisse möglich machen möchte und die Realisierung von Kampagnen vereinfacht mit einem interaktiven Kampagnen-Konfigurator zum Durchklicken. Besonderheiten: Es gibt einen Honorar-Kalkulator, der prognostiziert, wie viele Blogger sich voraussichtlich für eine Zusammenarbeit bewerben würden auf Basis des jeweils eingestellten Honorars. Außerdem bietet der Konfigurator Hilfestellung beim Briefing: Wer kein Freitext-Briefing vorbereitet hat, kann einfach einen Lückentext vervollständigen.

https://www.trusted-blogs.com/

Agenturleistung/Preismodell: Self-Service: Wenn eine Kampagne aktiviert wird, wird eine Servicegebühr fällig (295 Euro); Managed Service: Übernahme der Konzeption, Durchführung und Qualitätssicherung zum Festpreis pro Kampagne (995 Euro)

Claim: Finde die besten Blogs für Deine Werbung

Channels im Fokus: Blogs

Akkreditierte Influencer: 6.000

Die folgende Tabelle (Abbildung 35) zeigt eine Checkliste, die Ihnen bei der Einschätzung Ihrer Situation behilflich sein kann. Markieren Sie sich je Zeile die auf Sie zutreffenden Antworten und zählen Sie am Ende die Kreuze pro Spalte. Die Spalte mit den meisten Kreuzen entspricht am ehesten Ihren Anforderungen. Selbstverständlich kann diese Checkliste nur eine Tendenz geben. Wie schon eingangs erwähnt, sind Mischformen häufig am sinnvollsten. Überlegen Sie, welche Tätigkeit Sie auf jeden Fall selbst übernehmen wollen oder müssen und welche Tätigkeiten Sie sinnvoll abgeben können.

	Inhouse	**Agentur**	**Matching-Plattform**
Haben Sie ein stark begrenztes Budget?	ja	nein	ja
Ist die Zielgruppe sehr spezifisch?	nein	ja	nein
Haben Ihre Mitarbeiter fachliches Knowhow und Erfahrung?	ja	nein	ja
Haben Ihre Mitarbeiter ausreichend Kapazitäten?	ja	nein	nein
Betrifft Ihr Kampagnenthema viele Menschen?	ja	nein	ja
Möchten Sie langfristig enge Beziehungen zu Influencern aufbauen? (Stichwort Markenbotschafter)	ja	nein	nein
Möchten Sie gerne möglichst viel Kontrolle behalten?	ja	nein	nein
Legen Sie hohen Wert darauf, am Puls der Branche zu sein und Trends zu nutzen?	nein	ja	nein
Bewegen Sie sich auf einem Gebiet, dass inhaltlich ungewohnt für sie ist? (z.B. fremde Stadt, neue Zielgruppe, etc.)	nein	ja	ja
Planen Sie, mit vielen (Micro) Influencern für die gleiche Kampagne zu arbeiten?	nein	ja	ja
Handelt es sich um eine einmalige Aktion?	nein	nein	ja
Zu meinen Anforderungen passt am besten:	__ / 11	__ / 11	__ / 11

Abbildung 35 Checkliste: Welche Art von Projektmanagement passt zu meinen Anforderungen?

5.2 Konzeptentwicklung und Asset Definition

Bevor Sie in die Umsetzung starten, lohnt es sich, ein erstes Grobkonzept zu verschriftlichen, um für alle Beteiligten Klarheit zu schaffen über die Ziele und Rahmenbedingungen. In diesem ersten Konzeptentwurf sollten Sie sich zu den folgenden Fragen Gedanken machen:

- ☐ Welches übergeordnete (Marketing-) Ziel verfolgen Sie mit der Kampagne?
- ☐ Was ist der Anlass? (z.B. Eröffnung, Image-Pflege etc.)
- ☐ Wer ist Ihre Zielgruppe?
- ☐ Welches Bedürfnis Ihrer Zielgruppe befriedigen Sie mit Ihrem Produkt oder welches Problem lösen Sie?
- ☐ Wie können Sie Ihr Produkt unterhaltsam oder interessant in Szene setzen?
- ☐ Was ist der Lead oder die Conversion, die Sie erreichen wollen? Was sollen Nutzer tun, die mit Ihrer Kampagne in Kontakt kommen? (siehe auch Kapitel 5.6)
- ☐ Welche Kennzahlen messen die gesetzten Ziele?
- ☐ Gibt es einen vorgegebenen Zeitraum?
- ☐ Ist ein Kampagnen-Hashtag sinnvoll?
- ☐ Wer sind Ihre wichtigsten Wettbewerber und wie aktiv sind diese? (Umfeldanalyse)
- ☐ Welche Eigenschaften hätte der ideale Influencer für Ihre Kampagne?
- ☐ Welche Assets (sprich: Anreize oder Entlohnung) können Sie dem Influencer als Gegenleistung anbieten?

Sammis et al. führen ein Beispiel an für die Inszenierung eines langweiligen Produktes – der Zahnseide. Sie selbst geben zu, dass nicht alle Ideen wirklich gut sind, aber sie illustrieren sehr anschaulich, wie man selbst mit den alltäglichsten Themen und Produkten kreativ werden kann:

- **DIY Content**: In welchen Situationen kann Zahnseide zweckentfremdet verwendet werden? Als Katzenspielzeug, als Mal- und Bastelutensil etc.
- **Rezepte**: Wo kann Zahnseide in der Küche Anwendung finden? Zum Beispiel beim Schneiden einer Melone. Influencer haben sicher weitere Ideen.
- **Kinder**: Influencer mit Nachwuchs können Ihre Tipps und Tricks teilen, mit denen sie die Kleinen zum Verwenden der Zahnseide animieren.
- **Quiz**: Vollkommen unwissenschaftlich, aber immer witzig sind Persönlichkeits-Tests („Welcher Zahnseide-Typ bist du?“)
- **Haus und Deko**: Wie kann ich Zahnseide stylisch im Badezimmer platzieren?
- **Musik**: Was sind die besten Songs, zu denen man bei der Zahnpflege mitsummen kann? (vgl. Sammis et al. 2016, S. 210)

Für Kampagnen auf Instagram, Twitter und anderen Kanälen, die Hashtag-affin sind, bietet sich die Verwendung eines Kampagnen-Hashtags an. Der Begriff Hashtag setzt sich zusammen aus den englischen Worten für das Doppelkreuz-Schriftzeichen (# = hash) und Markierung (= tag) und beschreibt Schlagworte, die in den sozialen Netzwerken dazu dienen, Inhalte zu bestimmten Themen auffindbar zu machen. Ein Kampagnenhashtag

- kann User Generated Content anregen, der den Hashtag aufgreift und so mehr Reichweite und Aufmerksamkeit generieren;
- ist ein weiteres Stilmittel, um die Botschaft der Kampagne zu transportieren (digitaler Slogan);
- ist eine zusätzliche Metrik, die ausgewertet werden kann.

Ein guter Kampagnenhashtag hat folgende Merkmale:

- ☐ einfach zu schreiben
- ☐ einprägsam
- ☐ nicht zu lang
- ☐ nicht zu kompliziert
- ☐ enthält wenn sinnvoll den Brand- oder Produktnamen
- ☐ wurde noch nicht von anderen Marken oder Bewegungen verwendet (Vorsicht vor Doppelbedeutungen)

Ein **Beispiel** für eine gelungene Hashtag-Kampagne, die noch weit über die tatsächliche Kampagnendauer angehalten hat, ist #weilwirdichlieben von den Berliner Verkehrsbetrieben (BVG). Was 2015 zunächst als Feedback-Kampagne gestartet ist und einen Shitstorm losgetreten hat, wurde mit etwas Mut und Humor zum erfolgreichsten Imagekonzept des Unternehmens, das auch heute noch gepflegt wird und Nutzer-Content generiert.

Mit YouTube-Kollaborationen, einer Social Wall auf der Homepage (https://www.bvg.de/weilwirdichlieben), einem wöchentlichen Takeover des Kanals durch einen BVG-Nutzer und viel Humor haben die Berliner Verkehrsbetriebe sehr viel richtig gemacht. Die Inhalte sind originell, greifen aktuelle Ereignisse auf und zeigen viel Selbstironie.

Definition verfügbarer Assets – Vergütung von Influencern

Schon bei der Konzeptentwicklung sollten Sie sich Gedanken dazu machen, was Sie dem Influencer als Anreiz oder Entlohnung für seine Arbeit „zu bieten“ haben – sprich: was in Ihrem speziellen Fall zur Verfügung steht, egal ob materiell oder immateriell. Dass ein Influencer für die geleistete Arbeit und die Mediafläche, die er in seiner Funktion als Werbeträger darstellt, in irgendeiner Form honoriert werden muss, steht außer Frage. Nur wenige Produkte sind so herausragend, dass ein Influencer komplett ohne Vergütung arbeiten wird, es sei denn, er ist ein echter Marken-Fan.

Influencer tatsächlich mit Geld zu bezahlen, ist allerdings auch bei Auftragsproduktionen immer noch ein kontroverses Thema. Mit der steigenden Nachfrage nach Influencer Marketing ist inzwischen ein Aufwärtstrend in den Preisen bzw. Honoraren zu beobachten, die für Kooperationen aufgerufen werden.

Die Kritik an einem solchen Honorar, die immer wieder angeführt wird, basiert auf der falschen Annahme, dass das Unternehmen mit dem Geld auch die Meinung des Influencers kaufen würde: „There is an important difference between paying for the time of an influencer to speak their views, and paying to have an influencer speak your views." (Brown und Hayes, S. 110) Solange die Unabhängigkeit des Influencers gewahrt ist, spricht nichts gegen eine finanzielle Entschädigung.

Aber auch, wenn im Rahmen von Influencer Relations kein Geld fließt, muss für den Influencer ein Anreiz gesetzt werden. Dies geschieht in der Regel über den Zugang zu exklusiven Inhalten oder Leistungen: ein Event, eine Produktpräsentation, eine Testnutzung.

Die klassischen Gratis-Produktproben, mit denen alles angefangen hat, gibt es zwar immer noch. Die Distribution hat sich aber verändert: Zu Beginn verschickten Unternehmen wahllos Päckchen in der Hoffnung, dass der ein oder andere Influencer sich überzeugen lässt, Content dazu erstellt und dieser auch noch stimmig ist. Dieses „Spray-and-Pray"-Prinzip wird mit steigender Professionalisierung (glücklicherweise) seltener. Nun sind zwar immer noch häufig kostenlose Produkte oder Zugänge zu exklusiven Events und Services (zum Beispiel vor Launch) Teil der Vergütung – diese wurde aber vorab so vereinbart und das Ziel der Aktion wurde im gemeinsamen Gespräch geklärt.

Welche Form der Entschädigung für den jeweiligen Influencer die richtige ist, entscheidet unter anderem seine Motivation (siehe auch Kapitel 2.2). Die erste Entscheidung ist dabei:

- **monetär** (mit einem Honorar in irgendeiner Form oder kostenlosen Produkten und Leistungen);

- oder **nicht monetär** – zum Beispiel in Form von Insider-Informationen oder hochwertigem Content (ähnlich Pressearbeit).

Die Wahl der Vergütung muss von Fall zu Fall entschieden werden, wobei auch Mischformen denkbar sind. „Monetäre“ Vergütung kann zum Beispiel folgende Formen annehmen:

- **Barter-Deals**: Dies sind Tauschgeschäfte, die am Ende in einer Art Nullrechnung aufgehen. Hierunter fallen auch die gängigen kostenlosen Produkte, die der Influencer im Gegenzug in seiner Community platziert.
- Die **leistungsbasierte Vergütung**: Der Influencer erhält ein pauschales Honorar, zum Beispiel nach Posting, nach Video oder nach Tagessatz.
- Die **erfolgsbasierte Vergütung**: Das Honorar berechnet sich zum Beispiel nach Engagement, Klick oder Conversion.

Während ‚Cost-per-Engagement‘ in der Theorie sinnvoll klingt, ist die Umsetzung in der Praxis kompliziert. Für die Influencer bedeutet es ein unsicheres Einkommen, das im schlimmsten Fall dazu verleitet, unlautere Taktiken anzuwenden – zum Beispiel Likes einzukaufen –, wodurch sie ihre eigene Authentizität angreifen. Allerdings ist es auch von Unternehmensseite riskant: Wenn ein Ziel von 50.000 Interaktionen angesetzt wird und es werden 80.000 generiert: Wer zahlt die Differenz? Ist das Bonus-Modell nach oben offen? Wenn ja, kann ein unerwarteter viraler Hit sehr teuer werden.

Bezüglich der Vergütung von Influencer-Kooperationen ist der Markt also nach wie vor in einer Testphase. Abbildung 36 zeigt ein aktuelles Stimmungsbarometer.

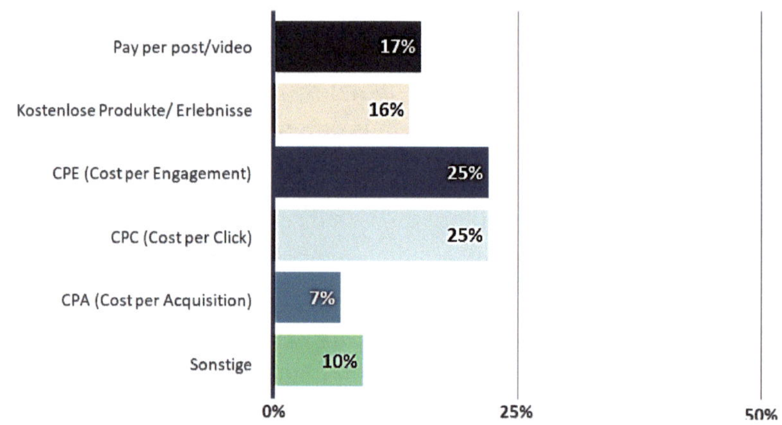

Abbildung 36: Effektivität von Vergütungsmodellen.
Quelle: nach Linqia 2018, S. 5

Pricing im Influencer Marketing

Das sagt der Experte

Constantin Schiller ist Mitgründer der Influencer Marketing Agentur SchillerHof und selbst Influencer der ersten Stunde. Als @constantin.schiller hat er auf Instagram u.a. mit Marken wie Samsung, Nikon und Mercedes Benz kooperiert.

Wie weit ist denn die Branche in Bezug auf die Preisfindung?

Es hat sich nicht wirklich etwas getan im letzten Jahr. Ich hab das jetzt ganz stark gemerkt bei einem großen Event im Sommer, das wir begleitet haben, mit 150 Influencern vor Ort. Mit dem Großteil davon haben wir die Verträge und Budgets verhandelt und es geht einfach immer noch darum: Wer kann besser verhandeln?

Die Influencer mit etwas Erfahrung wissen in der Regel schon, was sie wert sind. Manche Agenturen sind da eher hinterher, die dann nicht verstehen, dass man auch mal das doppelt bezahlt, wenn der Fit zwischen Marke und Person zum Beispiel sehr gut ist. Und in den Unternehmen wissen die wenigsten Bescheid. Da ist häufig noch dieser Gedanke: „Wir geben dir drei Handyverträge, bitte berichte." Dabei ist das für den Influencer ja nur das Werkzeug, das er sowieso braucht, um die Beiträge zu machen. Da fehlt noch das Verständnis, dass ich mir als Unternehmen auch zusätzlich Reichweite und Persönlichkeit einkaufe.

Warum ist das Pricing im Influencer Marketing so komplex?

Jeder berechnet es nach wie vor anders – und es ist einfach sehr individuell. Es gibt durchaus Instagrammer mit einer halben Million Follower, die 6.000€ für eine Story bekommen. Das ist viel, die Story performt aber auch entsprechend.

Es gibt gleichzeitig noch Influencer, die ohne monetäre Entschädigung anreisen, weil sie zum Beispiel vom Event an sich angelockt werden und ihnen das inhaltlich so einen Mehrwert bietet, dass sie über andere Einnahmequellen das Geld wieder reinbekommen (z.B. YouTube). Das ist eben auch Aufgabe einer Agentur zum Beispiel, da die beste Lösung für das Unternehmen zu finden.

Es gibt Unterschiede, z.B. ob wir mit einem Influencer sprechen, der bereits eine gewisse Bekanntheit erreicht hat. Da sind die Preise höher, was aber okay ist, weil ich weiß: Ich kaufe nicht nur die Reichweite, sondern auch eine gewisse Persönlichkeit ein. Dann gibt es Leute, die erstellen extrem gute Inhalte, die nicht nur auf ihren eigenen Kanälen sondern auch auf den Brand Channels super funktionieren. Die wissen, dass sie da nochmal andere Preise verlangen können.

Und dann gibt es auch ganz „normale" Influencer mit einem Thema und einer aktiven Community, die aber noch nicht weit bekannt sind, da sind die Preise etwas niedriger. Und diejenigen, die mit einem Management arbeiten, kriegen in der Regel die besseren Preise, weil die sich eben explizit damit befassen.

Was halten Sie davon, im Influencer Marketing mit dem klassischen TKP[3] zu arbeiten?

Ich mache das immer von Erfahrungswerten abhängig. Allein dieses Jahr habe ich mit mehr als 150 Influencern Preise verhandelt und dadurch hat man einfach eine Datengrundlage, die man als Referenz ziehen kann.

Wir kriegen den TKP manchmal noch vorgegeben, obwohl er nicht immer Sinn macht. Ich rechne mir das dann hoch, wenn ich z.B. als Vorgabe 10 € als TKP angegeben bekomme, was das für den Influencer pro Post bedeuten würde. Und dann sieht man schnell, ob das von der Tendenz zu hoch oder zu niedrig ist. Das ist eben abhängig von Engagement. Wer ist die Person? Was für Inhalte sind da?

Was sind in Ihren Augen sinnvolle Alternativen/Ergänzungen zur Berechnung von Honoraren über den TKP hinaus?

Die Unternehmen, die es verstanden haben, die binden die Influencer länger, also über ein halbes Jahr oder ein ganzes Jahr und dann bist du ja nochmal in einer ganz anderen Art der Verhandlung. Das gibt beiden Seiten Sicherheit und ist unterm Strich günstiger, weil man Pakete schnüren kann und der Aufwand am Ende geringer ist. Das wäre ein Ansatz, es besser zu machen.

Wie kann ich als Unternehmen an die Preisfindung herangehen, wenn ich noch wenig oder gar keine Erfahrung habe?

Das klassische Ding ist: Ich vernetze mich mit meiner Konkurrenz und tausche Erfahrungen aus, z.B. über Branchenverbände. Oder der noch klassischere Weg: einer Agentur das Vertrauen schenken. Oder falls eine gewisse Affinität und Kapazität da ist: Einfach selbst auf die Influencer zugehen, Media Kits anfragen, Kontakt aufbauen, Preise einfach mal einholen und vergleichen. So wie man auch bei anderen

---

[3] TKP = Tausenderkontaktpreis: Kennzahl aus der Mediaplanung: Welche Kosten fallen an, um mit einer Werbemaßnahme 1.000 Sichtkontakte mit der Zielgruppe zu erreichen (online z.B. Ad Impression)

Geschäftspartnern Angebote einholt, bevor man jemanden beauftragt.

Ein „Media Kit" ist sozusagen die Visitenkarte eines Influencers zum Beispiel in Form eines PDFs, die in der Regel folgende Informationen enthält (aus Perspektive des Influencers):

- Persönliche Beschreibung: Was inspiriert dich als Person? Warum bloggst du zum Beispiel?
- Channel und Content Beschreibung: Wie lange arbeitest du schon am Channel? Was sind deine Top Themen? Welche Kooperationsform präferierst du?
- Kennzahlen: Follower, Engagement etc.
- Referenzen und Beispiele: Welche Kooperationen gab es bisher?
- Zielgruppe: Wie setzt sich die Community demografisch und geografisch zusammen? Was sind ihre Interessen und Gewohnheiten?

Media Kits sind noch nicht flächendeckend verbreitet, werden aber 2020 sicher vermehrt auftreten. Fragen Sie als Unternehmen also gezielt danach.

Wie geht Ihr als Agentur damit um, wenn ein Influencer oder Unternehmen viel zu viel (oder viel zu wenig) anbietet?

Wenn ich das Gefühl habe, ein Angebot ist ungerechtfertigt, dann muss man einfach anfangen zu argumentieren. Idealerweise mit Zahlen, also z.B. der Interaktionsrate oder auch inhaltlich: Wie themenrelevant sind die Kommentare, wenn du zu etwas postest? Befasst sich die Community mit dem Inhalt von Kooperations-Posts oder steht unter jedem Post nur „schön"?

Man kann natürlich nicht die Leute gegeneinander ausspielen und sagen: „XY hat das für die Hälfte gemacht." Aber man kann sagen: Ich habe hier eine lange Liste vor mir und zehn andere Kollegen in deiner Range verlangen einen anderen Preis. Das ist der Durchschnitt. Oder: Wir haben nur das bestimmte Budget und da einfach Transparenz schaffen. Das ist am Ende einfach wieder Verhandlungssache und dafür brauchst du das Wissen aus der Branche.

Welche Kosten konkret anfallen, ist also je nach Kampagne individuell von Faktoren wie der Reichweite des Influencers oder den geforderten Leistungen abhängig. Zudem haben sich in der Branche noch keine Standards herausgebildet. Obwohl der Wert eines Influencer-Posts schwer pauschal festgesetzt werden kann, gibt es zahlreiche Bemühungen, Befragungen und Hochrechnungen.

Blogger Relations-Spezialist Djure Meinen stellte beispielsweise die These auf, dass ein Blogpost im Durchschnitt 500 Euro kostet (vgl. Kasper 2016). Auf Instagram herrscht eine hohe Uneinigkeit bezüglich der durchschnittlichen Preise: Klein spricht von 2.500 Euro für einen ‚Sponsored Post' bei einer Reichweite von 500.000 Followern (vgl. Klein 2017). Einer Umfrage unter knapp 3.000 Influencern zufolge verdienen Influencer mit einer halben Million Follower allerdings nur 684 US-Dollar pro Post; ab einer Million Followern durchschnittlich 1.405 US-Dollar pro Post. Ein YouTube-Post ist dem höheren Produktionsaufwand eines Videos entsprechend teurer: Etwa 8.000 Euro kostet eine Platzierung in einem Video in der Größenordnung von rund 200.000 Aufrufen (vgl. Vorhaus 2017).

Die Unsicherheit auf allen Seiten macht die Preisfindung aktuell immer noch schwierig. Charles Bahr wünscht sich vor allem Kostentransparenz: „Es muss eine einheitliche Trennung zwischen Mediakosten (Reichweiten der Influencer), Produktion und Agenturhonorar geben, wie es auch in anderen Teilen der Werbebranche ist." (Bahr 2018, S. 6)

5.3 Auswahl von Kommunikationskanälen

Die Relevanz eines Kommunikationskanals für das Marketing kann anhand von drei Kriterien ermittelt werden:

[1] **Etablierung**: Etablierte Kommunikationsplattformen greifen auf Daten und Fallbeispiele zurück, die über Jahre hinweg ge-

sammelt wurden, und sind dadurch nachvollziehbar und skalierbar.

[2] **Marketingfreundlichkeit**: Die Marketingfreundlichkeit einer Plattform spiegelt wider, wie hochwertig die Ergebnisse von Werbung in der Regel sind. Moderne und neue Kanäle wie Snapchat sind zwar reizvoll, haben aber bisher keine nachweisbaren Effekte für die meisten Geschäftsmodelle hervorgebracht.

[3] **Anzahl der Nutzer**: Die Nutzerzahlen der Kanäle sind ein dritter Hinweis auf Marketingtauglichkeit. Dabei ist zu beachten, dass auch Plattformen, die nicht unter den Top Ten auftauchen (wie zum Beispiel LinkedIn oder Pinterest) für Nischenthemen oder ausgewählte Produkttypen ebenso wirksam sein können wie die großen Player.

Die wichtigsten Plattformen für Influencer Marketing in Deutschland sind Blogs, Instagram, Facebook, Twitter und YouTube. Die 181 befragten Marketingentscheider aus der State of Influencer Marketing Survey 2018 sehen Instagram hier auf Platz 1 als wichtigste Plattform (92%), gefolgt von Facebook und Blogs (beide ca. 75%) und YouTube auf Platz 4 (49%) (vgl. Linqia 2018, S. 8). In speziellen Anwendungsfällen sind außerdem Plattformen wie Twitch, Pinterest, Snapchat, LinkedIn oder TikTok interessant (je nach Zielgruppe).

Die Plattformen unterscheiden sich durch den jeweiligen Fokus bezüglich ihres Nutzungspotenzials für Influencer Marketing. Je nach Zielgruppe, Altersgruppe, Produktgruppe oder Content-Format sind andere Kanäle auf der Pole Position, weshalb Unternehmen je nach Marketingziel individuell wählen müssen. Bei der Auswahl des passenden Kanals für eine geplante Kooperation stellen sich zum Beispiel folgende Fragen:

- Auf welcher Plattform bewegt sich die angestrebte Zielgruppe?
- Welche Plattform bietet sinnvolle (Content-) Formate?
- Auf welchen Plattformen wird bevorzugt über das Unternehmen, die Marke oder verwandte Themen gesprochen?

- Wo ist vielleicht die Konkurrenz bereits erfolgreich unterwegs?

Je nach Branche bieten sich unterschiedliche Plattformen für die Kommunikation an. Spredfast hat einige der relevantesten Plattformen nach ihrer Relevanz für die Branchen Einzelhandel, Medien, Sport, Konsumgüter, Finanzdienstleistungen, Automobil und Gesundheitswesen eingeordnet:

Ideal
Je nach Strategie
Nicht passend

	Facebook	Instagram	Pinterest	Twitter	LinkedIn	YouTube	Snapchat
Einzelhandel	Ideal	Ideal	Ideal	Nicht passend	Nicht passend	Je nach Strategie	Ideal
Medien	Ideal	Je nach Strategie	Nicht passend	Ideal	Je nach Strategie	Ideal	Ideal
Sport	Je nach Strategie	Ideal	Nicht passend	Ideal	Nicht passend	Ideal	Ideal
Konsumgüter	Nicht passend	Je nach Strategie	Ideal	Je nach Strategie	Nicht passend	Ideal	Ideal
Finanzdienstleistungen	Ideal	Nicht passend	Nicht passend	Ideal	Ideal	Je nach Strategie	Je nach Strategie
Automobil	Je nach Strategie	Ideal	Ideal	Je nach Strategie	Je nach Strategie	Ideal	Je nach Strategie
Gesundheitswesen	Ideal	Je nach Strategie	Ideal	Ideal	Nicht passend	Je nach Strategie	Nicht passend

Abbildung 37: Relevanz von Sozialen Netzwerken nach Branchen
Quelle: nach Spredfast 2018

Auf den folgenden Seiten sind die bekanntesten Sozialen Netzwerke beschrieben und hinsichtlich Ihrer Relevanz für das Influencer Marketing eingeordnet.

Quellen aus den Infografiken:

1] Torres 2019
2] Battle, Grell 2019
3] Rabe 2019
4] Schultz 2019
5] LinkedIn Hilfe 2018
6] Carp 2018
7] Sharp 2018
8] YouTube-Hilfe 2019
9] Kemp 2019
10] Webwise 2019
11] Luzak 2019
12] Users: Iqbal 2019
& Gender: Gough 2019
13] MuchNeeded 2019

FACEBOOK

2004

Steckbrief/Profil

Vergleichen mit Daten aus Kapitel 1

ANZAHL NUTZER[1]

= Freunde oder Fan-Abonnenten

47% ♂ / 53% ♀

2,32 Milliarden
Monthly Active Users

DEVICE[1]

12% (Desktop) / 88% (Mobil)

NUTZER PRÄFERENZEN

"Facebook is for keeping up with family and events."[2]

NUTZER DEMOGRAFIE[1]

Alter	Anteil
13-17 Jahre	51%
18-29 Jahre	81%
30-49 Jahre	78%
50-64 Jahre	65%
65+ Jahre	41%

EINSATZ IM INFLUENCER MARKETING

- bereits erstellte Markeninhalte verbreiten (z.B. Videos)
- die Reichweite von Sponsored Posts aus Instagram oder Pinterest erhöhen
- kurze, leicht erfassbare Inhalte teilen (z.B. Coupons oder Gewinnspiele)

BEISPIELE FÜR INFLUENCER

Pink Peonies @thepinkpeonies

Bryanboy @bryanboy

PARTNER PROGRAMM

Brands Collabs Manager: Marktplatz für Unternehmen und „Creators" (Influencer) ab 25.000 Abonnenten, die durch den Status als Creator ihre Video-Inhalte besser monetarisieren können

RELEVANZ IM INFLUENCER MARKETING:

Abbildung 38: Steckbrief Facebook

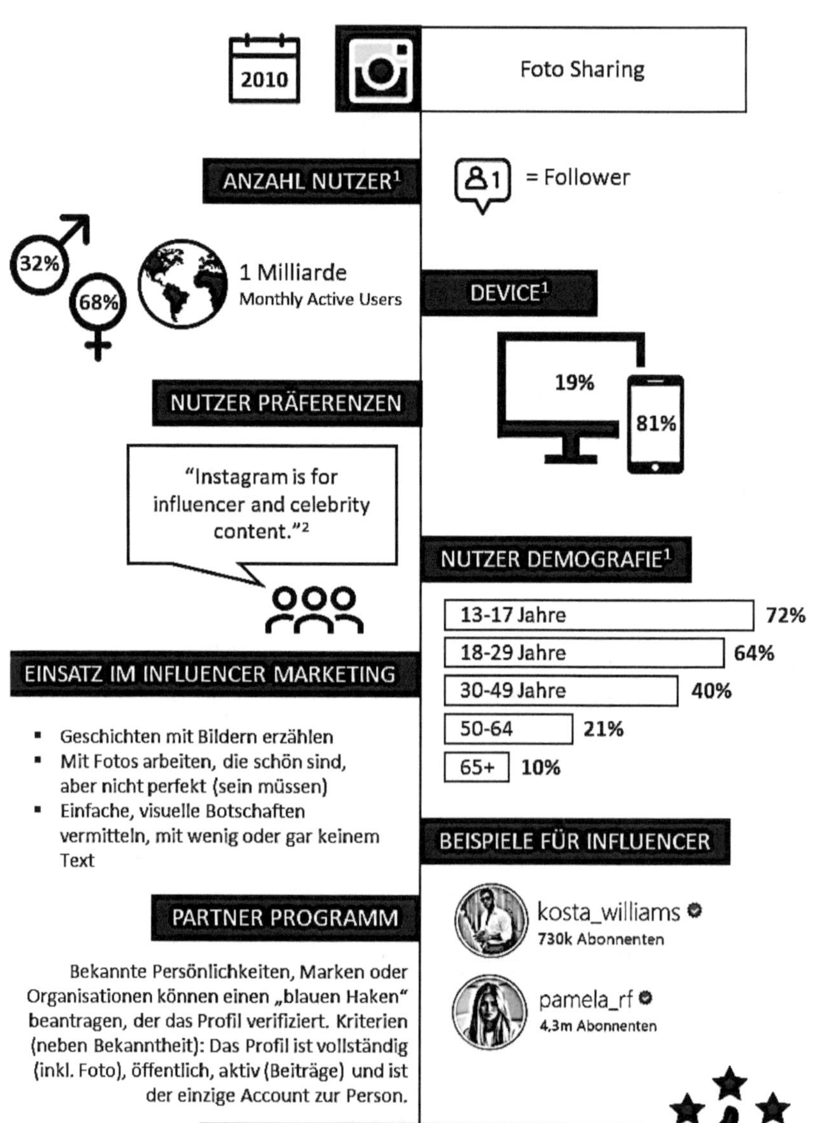

Abbildung 39: Steckbrief Instagram

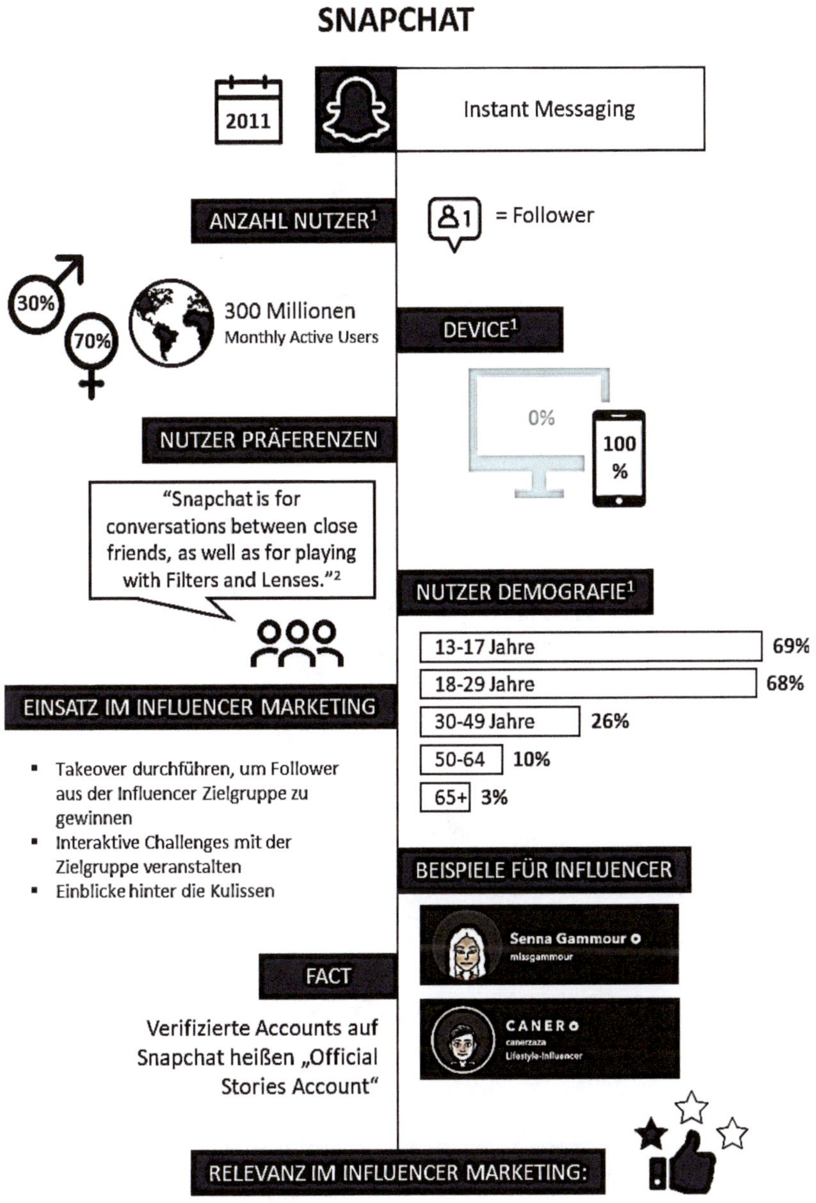

SNAPCHAT

2011

Instant Messaging

ANZAHL NUTZER[1]

= Follower

30% 70%

300 Millionen
Monthly Active Users

DEVICE[1]

0%

100 %

NUTZER PRÄFERENZEN

"Snapchat is for conversations between close friends, as well as for playing with Filters and Lenses."[2]

NUTZER DEMOGRAFIE[1]

Alter	Anteil
13-17 Jahre	69%
18-29 Jahre	68%
30-49 Jahre	26%
50-64	10%
65+	3%

EINSATZ IM INFLUENCER MARKETING

- Takeover durchführen, um Follower aus der Influencer Zielgruppe zu gewinnen
- Interaktive Challenges mit der Zielgruppe veranstalten
- Einblicke hinter die Kulissen

BEISPIELE FÜR INFLUENCER

Senna Gammour
missgammour

CANER
canerzaza
Lifestyle-Influencer

FACT

Verifizierte Accounts auf Snapchat heißen „Official Stories Account"

RELEVANZ IM INFLUENCER MARKETING:

Abbildung 40: Steckbrief Snapchat

BLOGS

Top 9 Themen in Blogs[3]

1. Reise
2. Essen
3. Sport
4. Leben
5. Lifestyle
6. Digitales Marketing & IT
7. Mode
8. Business
9. Kunst

NUTZER DEMOGRAFIE[4]

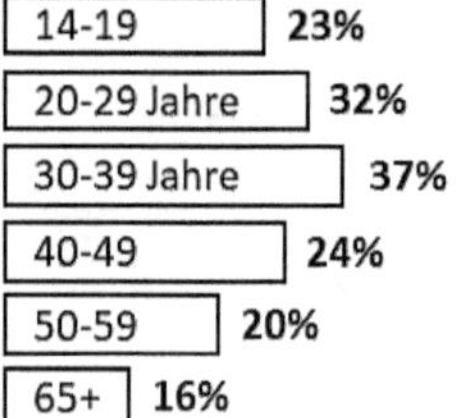

EINSATZ IM INFLUENCER MARKETING

- viel Platz für Inhalte in die Tiefe (Produkttests, Erfahrungsberichte, etc.)
- Kombination verschiedener Medienformate möglich (Bild, Text, Video, Infografik, etc.)
- Nischige Themen besetzen (SEO-Relevanz)
- Involvierte Zielgruppen aktivieren

BEISPIELE FÜR INFLUENCER

This is Jane Wayne

101 Places

myMonk

RELEVANZ IM INFLUENCER MARKETING:

Abbildung 41: Steckbrief Blogs

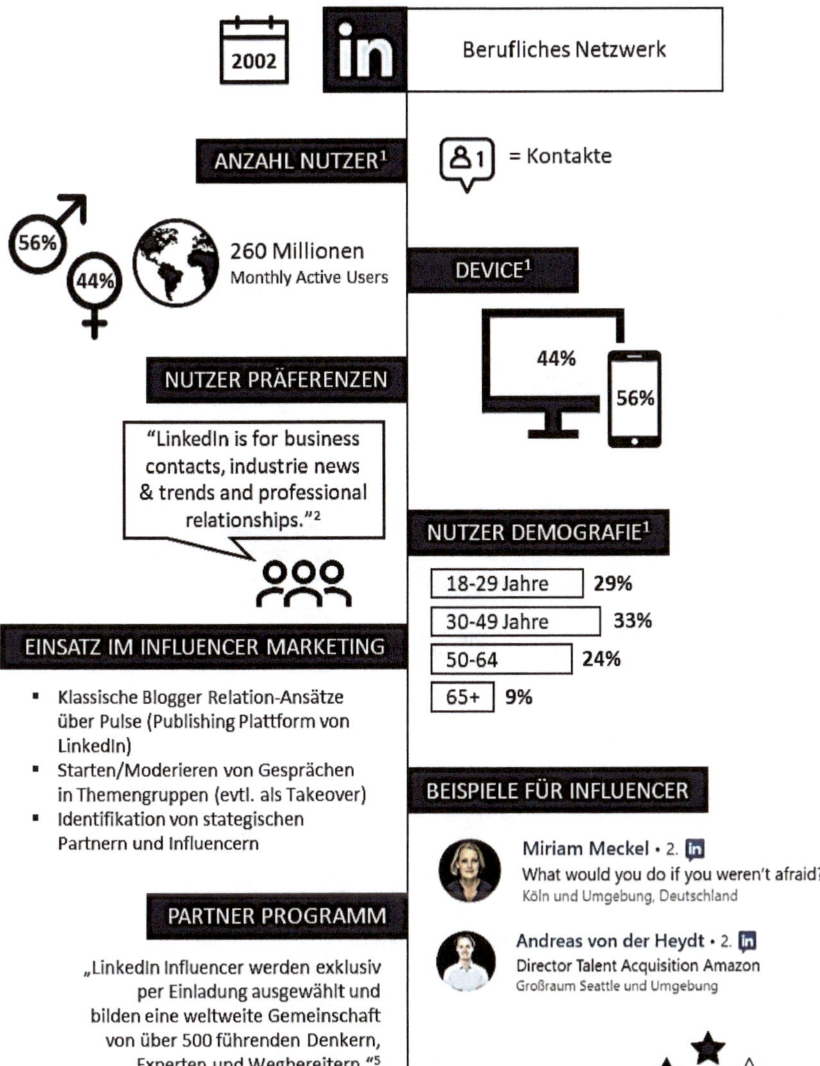

Abbildung 42: Steckbrief LinkedIn

TWITTER

2006

Micro Blogging

ANZAHL NUTZER[1]

= Follower

65%

35%

326 Millionen
Monthly Active Users

DEVICE[1]

20%

80%

NUTZER PRÄFERENZEN

"Twitter is for keeping up with current events or following discussions."[2]

NUTZER DEMOGRAFIE[1]

Alter	Anteil
13-17 Jahre	32%
18-29 Jahre	40%
30-49 Jahre	27%
50-64	19%
65+	8%

EINSATZ IM INFLUENCER MARKETING

- an geplanten Chats teilnehmen / geplante Chats veranstalten
- Follower auffordern, auf einen Website-Link zu klicken
- Sponsored Posts (z.B. von Blogs) auf anderen Kanälen promoten

BEISPIELE FÜR INFLUENCER

teresa bücker
@fraeulein_tessa

klaas heufer-umlauf
@damitdasklaas

PARTNER PROGRAMM

Ein Account kann verifiziert werden, wenn (von Twitter) festgestellt wird, dass er von öffentlichem Interesse ist.

RELEVANZ IM INFLUENCER MARKETING:

Abbildung 43: Steckbrief Twitter

PINTEREST

2010

Digitale Pinnwand

ANZAHL NUTZER[1]

1 = Follower

30% 70%

250 Millionen
Monthly Active Users

DEVICE[1]

20% 80%

NUTZER PRÄFERENZEN

"Pinterest is for planning life moments such as a new home, vacation, parties, or meals."[6]

NUTZER DEMOGRAFIE[1]

Alter	Anteil
18-29 Jahre	29%
30-49 Jahre	33%
50-64	24%
65+	9%

EINSATZ IM INFLUENCER MARKETING

- schöne Produkte präsentieren (vor allem für Retail-Produkte)
- Rezepte, DIY-Projekte oder ähnliches kreieren und veröffentlichen
- bereits produzierte Inhalte pinnen; Boards anlegen für die Markenwelt

BEISPIELE FÜR INFLUENCER

Paula Coop McCrory
4.223.665 Follower

pejper
www.pejper.se
390,4Tsd. monatliche Betrachter

FACT

98% der Pinterest-Nutzer probieren die Ideen aus, die sie auf Pinterest gefunden haben.[7]

RELEVANZ IM INFLUENCER MARKETING:

Abbildung 44: Steckbrief Pinterest

YOUTUBE

2006

Video-Plattform

ANZAHL NUTZER[1]

1 = Abonnenten

52%
48%

1,9 Milliarden
Monthly Active Users

DEVICE[1]

30%
70%

NUTZER PRÄFERENZEN

"YouTube is for learning about new products or topics of interest."[2]

NUTZER DEMOGRAFIE[1]

Alter	Anteil
18-24	11%
25-24 Jahre	23%
35-44 Jahre	26%
45-54	16%
55-64	8%

EINSATZ IM INFLUENCER MARKETING

- Produkte im persönlichen Umfeld eines Influencers präsentieren (Product Placement)
- Tutorials, DYIs, Hacks und andere Anleitungen veröffentlichen
- Reviews & (Live) Tests umsetzen

BEISPIELE FÜR INFLUENCER

Paola Maria
1,82 Mio. Abonnenten

Tommy Toalingling
82.800 Abonnenten

PARTNER PROGRAMM

Vorteile für den YouTube Partner:

- Hilfe vom Creator Support-Teams
- Copyright Match Tool
- Zugriff auf Monetarisierungs-funktionen[8]

RELEVANZ IM INFLUENCER MARKETING:

Abbildung 45: Steckbrief YouTube

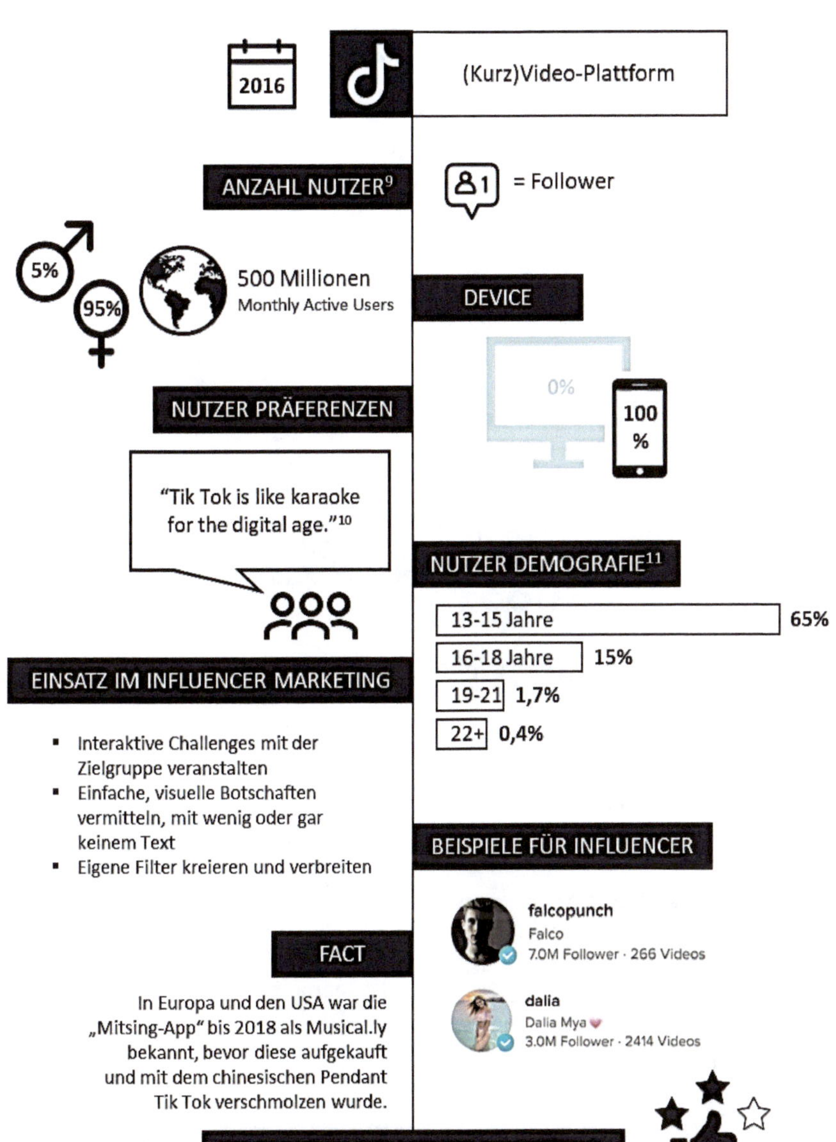

Abbildung 46: Steckbrief Tik Tok

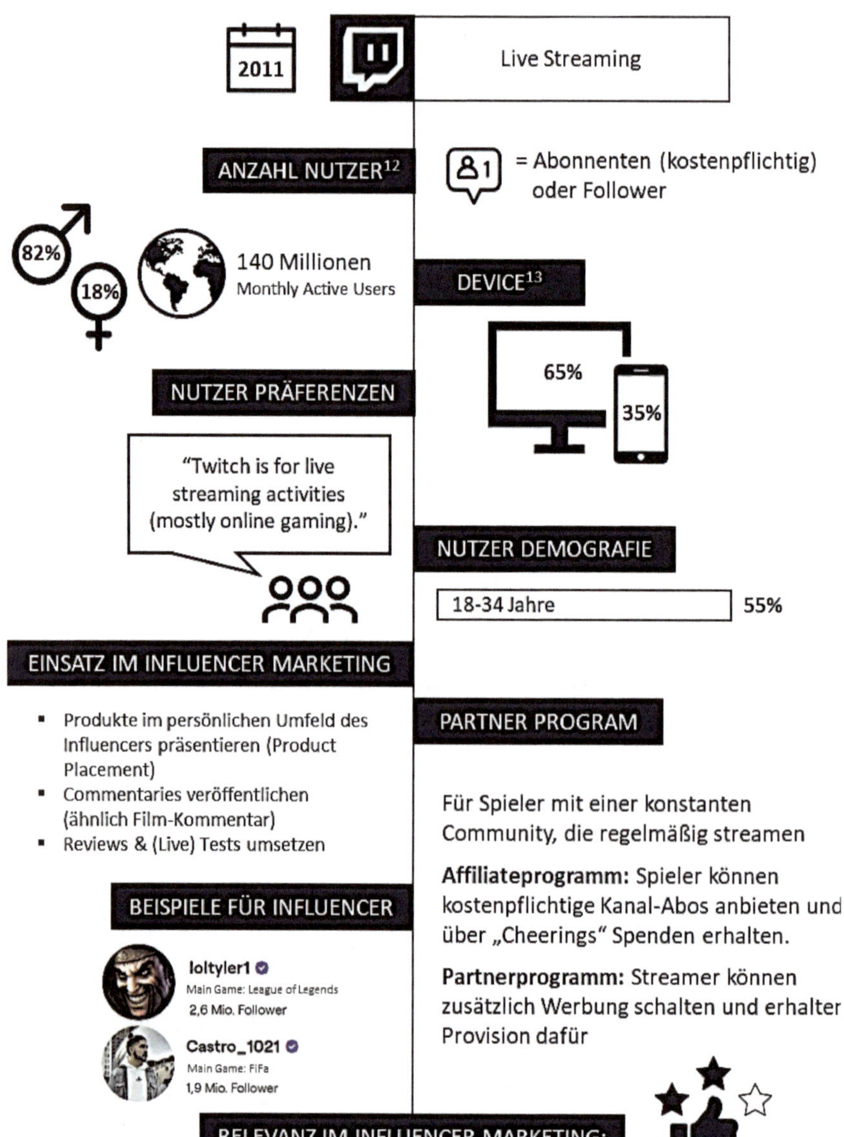

Abbildung 47: Steckbrief Twitch

Hinweis: In den Zusatzmaterialien finden Sie jeweils eine Übersicht in Tabellenform zu zwei Themenbereichen:

- Formate: In welcher Form können Inhalte auf den verschiedenen Kanälen veröffentlicht werden? (z.B. Foto, Video, Live-Stream, Story)
- Reactions: In welcher Form können Nutzer auf Inhalte reagieren? (z.B. Kommentar, Like, Mention)

Über alle Kanäle hinweg hat sich 2018 das Story-Format als großer Trend herauskristallisiert. Snapchat hatte es vorgemacht, Instagram und Facebook haben es kopiert und inzwischen sind sie tatsächlich kaum noch wegzudenken: Stories sind Foto oder Video-Inhalte, die sich in der Regel nach 24 Stunden (oder einem anderen definierten Zeitfenster) von selbst wieder löschen, es sei denn, man speichert sie aktiv in seinen Highlights ab, sofern möglich.

Trend-Kanal für 2019 sind für viele Experten eindeutig Podcasts. Das Audio-Format hat sich einen festen und wachsenden Platz in der Mediennutzung erkämpft – kein Wunder also, dass nach und nach auch die Werbebranche versucht, auf den Trend aufzuspringen.

Exkurs Podcast

Podcasts sind ein digitales Audioformat in der Regel mit mehreren Episoden oder einem festen Erscheinungstermin für neue Folgen, die der Nutzer abonnieren, anhören oder herunterladen kann. Das Format an sich ist nicht neu, aber seit 2016 haben Podcasts in Deutschland stetig an Beliebtheit und Bekanntheit gewonnen. Dafür gibt es vermutlich zwei Gründe:

[1] Sie bedienen den Wunsch nach on demand-Verfügbarkeit von Unterhaltung und Information. Lineare Formate ohne Selbstbestimmung wie das klassische Radio oder Fernsehen verliert bei jungen Zielgruppen gegen flexible und individuelle Streaming-Formate.

[2] Podcasts können wie Radio-Sendungen nebenher konsumiert werden – im Auto, beim Sport, beim Einkaufen. Es ist kein Bildschirm notwendig, die Reizüberflutung bleibt aus. In unserem Screen-dominierten Alltag ist das für viele Nutzer eine angenehme Auszeit.

Für das Marketing bergen Podcasts mit ihrer vertraulichen Stimmung großes Potenzial, gerade für Influencer und Empfehlungsmarketing: „viele Hörer lassen sich von ihren Podcasts inspirieren: 41 Prozent sagen, sie sind durch einen Podcast schon einmal auf ein neues Produkt aufmerksam geworden, das sie ausprobieren wollten. 37 Prozent fühlten sich angeregt, eine neue Fähigkeit zu erlernen und 28 Prozent, ein neues Hobby zu beginnen." (Hoffmann 2019)

Marken können Audio-Inhalte nutzen, um Zielgruppen zu binden, Themen zu vertiefen, Vertriebsimpulse zu setzen oder neue Perspektiven aufzuzeigen. Dabei kann ein Unternehmen entweder selbst aktiv werden, zum Beispiel mit einem Mitarbeiter-Podcast, Werbung einbuchen oder Podcast-Influencer als Markenbotschafter gewinnen (vgl. Theobald 2019a).

5.4 Identifikation von Influencern

Für den Erfolg einer Influencer Aktion ist es unverzichtbar, einen Influencer zu finden, der:

- zum Thema der Aktion und des Unternehmens passt
- in der anvisierten Zielgruppe relevant ist
- und aktiv postet.

In diese Auswahl sollte viel Zeit und Energie investiert werden, denn Fehler oder Nachlässigkeiten zu Beginn des Prozesses sind ein hohes Risiko für den Erfolg der Kampagne (vgl. auch Brown und Hayes, S. 216).

Dass täglich neue Multiplikatoren auf allen Plattformen auftauchen, alte verschwinden oder ihren Fokus ändern, sind nur einige der besonderen Herausforderungen bei der Suche nach dem perfekten „Marken-Fit".

Marken-Fit bedeutet, dass der Influencer und das Unternehmen in ihren grundsätzlichen Werten und/oder in den Themen übereinstimmen, sprich: dass der Influencer zum Unternehmen passt und umgekehrt.

Bei der Bewertung des Marken-Fits und der Qualität eines Influencer können verschiedene Kriterien und Leitfragen Orientierung geben.

Sechs-Säulen-Modell zur Bewertung von Influencern

Zunächst die wichtigste Erkenntnis in Bezug auf die Qualität eines Influencers: Die inhaltliche Ausrichtung und die Übereinstimmung der Themen und der Zielgruppe des Influencers mit den Werten des Unternehmens sind immer wichtiger als die Reichweite! Es geht nicht darum, möglichst viele Menschen zu erreichen, sondern gezielt die richtigen. Ausgangspunkt für die Influencerauswahl ist deshalb stets die eigene Zielgruppe und die Zielsetzung.

Qualität muss vor Quantität gehen, sonst passieren Fehler, wie sie die Bloggerin Eileen Primus in einem Beitrag beschreibt: „Oder wieso schnappte sich ein bekannter Kaffee-Hersteller für die Zusammenarbeit eine Bloggerin, die oft beteuerte, keinen Kaffee zu trinken? Hauptsache, dein Instagram-Account weist eine dicke Summe an Followern auf." (Primus 2017)

Um den Einfluss und den Marken-Fit eines Influencers zu bewerten, kann ein Sechs-Säulen-Modell Orientierung geben (siehe Abbildung 48). Die Kriterien stellen eine Mischung aus Erfolgsfaktoren für Influencer im Allgemeinen und aus Merkmalen dar, die für das jeweilige Unternehmen relevant sind, das eine Kooperation anstrebt.

Abbildung 48: Sechs-Säulen-Modell zur Bewertung von Influencern

Reichweite

Die Reichweite umfasst nicht nur die Anzahl an Followern bzw. an Menschen, die ein Influencer mit einer Botschaft erreichen kann. Auch der Grad der Eigenaktivität und der Vernetzung im jeweiligen Themengebiet spielen eine Rolle.

Die Frequenz, mit der ein Influencer postet, gibt zum Beispiel an, wie oft der Influencer die Möglichkeit hat, von der anvisierten Zielgruppe gehört zu werden. Der Influencer steht immer wieder vor der Entscheidung: Nehme ich mittelmäßige Inhalte in Kauf, um häufiger posten zu können und mehr Reichweite zu generieren, oder nehme ich weniger Reichweite in Kauf, damit ich zu 100 Prozent hochwertige Inhalte mit Mehrwert veröffentlichen kann?

> Grundsätzlich muss eine **relevante Reichweite** gegeben sein. Relevant bedeutet allerdings in jeder Branche etwas anderes: Während im Sport- oder Lifestyle-Bereich Reichweiten von mehreren Hunderttausend üblich sind, ist in Nischenbranchen oder im b2b-Bereich teilweise auch schon eine Followerzahl von 500 relevant (vgl. Gerstenberg und Gerstenberg 2017, S. 26).

Ein wichtiger Aspekt für die Reichweite ist die Entwicklung im Zeitverlauf. Ein plötzlicher Ausreißer nach oben kann ein Indiz dafür sein, dass Follower eingekauft wurden oder mittels automatisierter Bots in die Höhe getrieben wurden (siehe auch Kapitel 3.5).

Checkliste Reichweite

- ☐ Wie viele Menschen kann der Influencer erreichen?
- ☐ Über welche Kanäle/Plattformen?
- ☐ Wie häufig postet der Influencer?
- ☐ Wie stark ist der Influencer vernetzt?
- ☐ Hat sich die Followerzahl konstant entwickelt?

Reputation

Die Reputation eines Influencers ist geprägt von drei Faktoren:

- seiner Expertise oder Erfahrung in einem bestimmten Themengebiet;
- seiner fachlichen Qualifikation (vor allem, wenn redaktionelle Inhalte veröffentlicht werden);
- einem erkennbaren Persönlichkeitsprofil.

Um dieses Gefüge der Reputation nicht zu verletzen, sollte ein Influencer authentisch und ehrlich auftreten, um das ihm entgegengebrachte Vertrauen in seine Kompetenz und seine Glaubwürdigkeit zu stärken.

Authentizität bedeutet in diesem Fall, einen gewissen Stil oder ein Profil zu entwickeln und diesen Themen und Werten treu zu bleiben. Erfolgreiche Influencer haben eine Persönlichkeit kreiert, die den Menschen eine Identifikationsfläche bietet. Da Influencer in der Regel bereitwillig ihr Privatleben mit der breiten Öffentlichkeit teilen, basiert diese Persönlichkeit zu großen Teilen auf der Realität – die aber natürlich angereichert oder nur in Ausschnitten gezeigt wird.

Die Persönlichkeit ist aus Sicht des Unternehmens vor allem für Kampagnen mit Branding-Zielen besonders wichtig. Ein Influencer kann für sich selbst authentisch sein (steht er hinter den Dingen, die er sagt und tut?) und gleichzeitig für die Marke unglaubwürdig (steht er hinter dem Unternehmen?).

Checkliste Reputation

- ☐ Welche fachliche Qualifikation hat der Influencer?
- ☐ Wie ist sein Persönlichkeitsprofil? (Vorlieben, Abneigungen)
- ☐ Tritt der Influencer ehrlich auf? (z.B. Kennzeichnung)
- ☐ Vertraut die Zielgruppe in die Glaubwürdigkeit der Person?

Relevanz

Die Inhalte eines guten Influencers haben für seine jeweilige Community eine hohe Relevanz. Vor diesem Hintergrund sind zwei Dinge besonders wichtig:

- Die inhaltliche Ausrichtung des Influencers: Welche Branche, welche Themen besetzt der Influencer? Wofür steht er gegenüber seinen Followern? Wie breit ist sein Themenfeld?
- Das Involvement des Influencers: Wie aktiv ist der Influencer selbst in seinem Themenfeld? Wie stark ist er emotional in seine Tätigkeit involviert?

Zusätzlich ist es von Bedeutung, wie ähnlich der Influencer seinen Followern ist. Je mehr Ähnlichkeit eine Person grundsätzlich in Bezug auf Vorlieben, Eigenschaften oder anderen Dingen mit einer anderen Person hat, desto mehr Identifikationsfläche bietet sie. Allerdings ist manchmal nicht die objektive Ähnlichkeit entscheidend, sondern die subjektive: Inwiefern glaubt der Follower, dem Influencer ähnlich zu sein bzw. wie stark ist das Bedürfnis des Followers, dem Influencer ähnlich zu sein?

Vor dem Marketinghintergrund ist interessant, wie nah der Influencer der anvisierten Zielperson während den verschiedenen Stufen des Entscheidungsprozesses ist. An welchem Punkt der Entscheidungsfindung interagieren die Follower mit ihm?

Checkliste Relevanz

- ☐ Wie hoch ist das Vertrauen in die Person?
- ☐ Wie viel Autorität hat der Influencer?
- ☐ Welche Themen behandelt der Influencer vorranging?
- ☐ Sind seine Follower Teil der anvisierten Zielgruppe?
- ☐ Wie stark ist der Influencer selbst in sein Thema involviert?

Interaktion

Für erfolgreiche Influencer ist eine hohe Resonanz auf ihre veröffentlichten Inhalte in Form von Kommentaren, Likes oder anderen Interaktionen typisch.

Deshalb ist entscheidend, dass Influencer einen der wichtigsten Kommunikationsgrundsätze der sozialen Medien befolgen: Echtzeitkommunikation. Sobald ein Beitrag veröffentlicht ist, kann es Feedback geben – und der Influencer muss zeitnah darauf reagieren. Je nahbarer der Influencer außerdem ist, je greifbarer für seine Follower, desto stärker wird die Bindung.

Für die Zielsetzung einer Marketingkampagne ist zudem der genaue Blick auf die Qualität und Eigenschaften der Community wichtig.

- Ist unsere Zielgruppe darin vertreten? (Demografie, Geografie, Interessen)
- Wie aktiv sind die Follower eines Influencers?
- Welche Arten der Interaktion sind am häufigsten zu beobachten (Likes, Kommentare, Re-Postings, Shares?)

Ist der Großteil der Follower zum Beispiel eher passiv und postet selten eigene Inhalte, dann wäre eine Hashtag-Kampagne wenig zielführend.

Checkliste Interaktion

- ☐ Wie viele Interaktionen erreicht ein Post im Durchschnitt?
- ☐ Wie hoch ist das Engagement der Follower? (Likes & Co.)
- ☐ Welche Qualität haben die Interaktionen inhaltlich?
- ☐ Kommuniziert der Influencer in Echtzeit mit den Followern?

Qualität

Das Kriterium Qualität hat verschiedene Ausprägungen:

- die formale bzw. handwerkliche Qualität Grundlagen der Content-Produktion und Aspekte wie Bildqualität, Bildsprache, Rechtschreibung, Einhaltung von Urheberrechten und ähnlichem;
- die inhaltliche Qualität in dem Sinn, dass der Beitrag einen Mehrwert für die Zielgruppe bietet (informativ, unterhaltsam oder anderweitig);
- die kreative Qualität, sprich: ein gelungenes Storytelling und in Bezug auf das Marketing die perfekte Integration der Marke in die Story.

Die Menschen folgen jemandem in den sozialen Medien nicht, weil sie beeinflusst werden wollen, sondern weil sie sich mit den Aussagen der Person identifizieren können, weil sie die Bilder schön finden, weil sie eine persönliche Beziehung zur Person haben, sich unterhalten fühlen oder über News und Entwicklungen auf dem Laufenden bleiben möchten. Dieses Bedürfnis muss der Influencer mit seinen Postings erfüllen.

Checkliste Qualität

- ☐ Ist die Rechtschreibung korrekt/angemessen?
- ☐ Werden Urheberrechte eingehalten?
- ☐ Sind Branchenstandards gewahrt (z.B. kein Rassismus, keine Beleidigungen etc.)?
- ☐ Sind Bilder, Videos, Texte und Co. inhaltlich und technisch hochwertig?
- ☐ Gibt es ein gelungenes, den Rahmenbedingungen und dem Ziel entsprechendes Storytelling?
- ☐ Kreativität: Wie ist die Marke in die Story integriert?

Kooperation

Das Kriterium Kooperation bezieht sich ausschließlich auf die Zusammenarbeit mit Unternehmen. In dieser Hinsicht von großer Bedeutung ist wie schon erwähnt, der Marken-Fit. Gibt es Überschneidungen in den Themen und Werten des Influencers und der Marke? Ist dieser Fit nicht gegeben, wirkt eine Kooperation im besten Fall erzwungen, im schlimmsten Fall lächerlich. Ein Fitness-Blogger, der für Alkohol wirbt, ist eher unpassend.

Ein weiterer wichtiger Aspekt: Hat der Influencer vielleicht schon einmal über die unternehmenseigene Marke gesprochen? Wenn ja, hat er sich positiv oder negativ geäußert? Diese Information ist in beide Richtungen wichtig für die Ansprache: Bei positiven Äußerungen kann darauf aufgebaut werden, um den Kontakt herzustellen. Bei negativen Äußerungen kann eine peinliche Ansprache vermieden – oder bei der Ansprache darauf Bezug genommen werden. Dieser Weg („Wir würden Sie gerne vom Gegenteil überzeugen“) ist allerdings riskant und sollte nur mit sorgfältiger Recherche angegangen werden.

Aus der Kooperationsperspektive ist außerdem die Frequenz unter einem anderen Gesichtspunkt interessant: Wie häufig geht der Influencer bezahlte Kooperationen ein und mit welchen Marken? Wie hoch ist der Anteil gesponserter Posts? Sprunghafte Wechsel von einer Marke zur nächsten und mehr bezahlte Kooperationen als eigene Posts schaden der Authentizität. Auch auf die Verfügbarkeit des Influencers bzw. die Nachhaltigkeit ist zu achten: Ist eine langfristige Kooperation überhaupt möglich?

Schlussendlich muss der Influencer auf den Kanälen vertreten sein, die das Unternehmen als relevant für die eigene Zielgruppe identifiziert hat. Eine wichtige Voraussetzung für eine Kooperation ist demnach: Ist die relevante Zielgruppe in der Community des Influencers vertreten?

Checkliste Kooperation

- ☐ Wie häufig geht der Influencer Kooperationen ein?
- ☐ Mit wie vielen verschiedenen Marken?
- ☐ Mit welchen Marken hat er bereits kooperiert?
- ☐ Hat er über die eigene Marke schon gesprochen?
- ☐ Wenn ja, in welcher Form und mit welcher Tonalität?
- ☐ Marken-Fit: Passen Werte von Influencer & Unternehmen?

Hinweis: Die Auswahlkriterien für die Influencer-Selektion finden Sie als PDF-Checkliste zum Abhaken unter den Zusatzmaterialien.

Tipps für Tools und Datenbanken

Im Folgenden finden Sie eine Auswahl an (in der Regel kostenpflichtigen) Tools, die zur Recherche und Analyse von Influencern angeboten werden und einen Schwerpunkt im deutschen Sprachraum haben. Die Auflistung ist in keinem Fall als abschließend zu verstehen und alphabetisch sortiert.

Buzzsumo: Buzzsumo bietet eine umfassende Content-Suche und Analyse an sowie ein Ranking der einflussreichsten Personen zu den analysierten Themen. Diese Inhaltsanalyse kann u.a. zur Identifikation von Influencern genutzt werden. http://buzzsumo.com/

Channels im Fokus: Twitter, Facebook

Google Blogsuche: Kostenlose Möglichkeit für eine erste Recherche: Wenn Sie in der Google Suchmaske nach einem für Sie relevanten Begriff suchen, klicken Sie auf der Ergebnisseite die Kategorie News an. Anschließend öffnen Sie die Tools ganz rechts in der Menüleiste und wählen unter Meldungen „Blogs" aus. https://www.google.de/

Channels im Fokus: Blogs

InfluencerDB: Die „Influencer-Datenank" bietet vor allem eine quantitative Analyse der Accounts nach Branche (auf Basis von Instagram-Daten), z.B. Followerzahlen, Interaktionsraten, Identifikation von Fake-Followern („Audience Analysis"). https://www.influencerdb.net/

Channels im Fokus: Instagram

Influma: Influma hat seine Ursprünge in der Bloggerszene. Auch hier steht die Analyse von Inhalten im Vordergrund: eine Stichwortsuche identifiziert Medien (Medien, Blogs und Presseportale), die zu dem Thema bereits aktiv sind – und deshalb als geeignete Partner für Beiträge im Sinne des Content Marketings oder Seedings sind. http://www.influma.com/de

Channels im Fokus: Blogs, Medien

Socialblade: Die Website bietet frei zugänglich umfangreiche Rankings, Analysen, Prognosen jeweils zu Accounst bzw. Usernames verschiedener Sozialer Kanäle. https://www.socialblade.com/

Channels im Fokus: Facebook, YouTube, Instagram, Twitch

Veescore: VeeScore bietet detaillierte Analysen von Erfolgfaktoren und Prognosefunktionen für YouTube an, z.B. kann gezielt analysiert werden, wie ein einzelner Channel (das eigene Unternehmensprofil oder ein potenzieller Kooperationspartner) zu einem bestimmten Thema rankt.
https://www.veescore.com/

Channels im Fokus: YouTube

5.5 Der operative Umgang mit Influencern

Mit Influencern in Kontakt zu treten und eine Zusammenarbeit in Gang zu bringen, ist kein standardisierter Prozess, wie es beispielsweise das Buchen einer Anzeige ist (siehe auch Abbildung 21 in Kapitel 4.1).

Der Großteil der Influencer hat zudem keinen journalistischen oder betriebswissenschaftlichen Hintergrund und fängt mit Pressemitteilungen oder Marketingsprache wenig an. Marketingverantwortliche bewegen sich hier also auf neuem Terrain. Einen Influencer zu verärgern kann gefährlich werden, denn die Blogger, YouTuber & Co. sind bestens vernetzt und teilen auch interessante oder empörende Anfragen untereinander.

Alain Veuve staunt zum Beispiel über „plumpe Anfragen [...], als könne man einfach bei jedem Blogger einen Platz kaufen“ (Veuve 2017). Annalena Huppert vom Blog „nummerfünfzehn“ reagiert besonders allergisch auf Schreibfehler in ihrem Namen, auf Produktangebote, die eindeutig nicht zu ihrer inhaltlichen Ausrichtung passen, und auf Unternehmen, die vorschlagen, dass sie die Kooperation nicht kennzeichnet (vgl. Gerstenberg und Gerstenberg 2017, S. 49).

Eileen Primus teilt auf ihren Kanälen schockiert die Geschichte über ein Unternehmen, das sie zunächst zu einem Event eingeladen hat, um ihr dann wenige Tage vor der Veranstaltung in zehn Zeilen abzusagen, weil sich zu viele Blogger angemeldet hätten. Für die Freiberuflerin bedeutete das einen finanziellen Schaden, da sie andere Arbeit dafür abgelehnt oder an Kollegen übergeben hatte, um teilzunehmen (vgl. Primus 2017). Von diesen negativen Erfahrungen kursieren unzählige im Internet und nicht wenige davon nennen auch den Markennamen – ein hohes Risiko, verbunden mit einem möglichen Imageschaden.

5.5.1 Vom ersten Kontakt bis zum Briefing

Recherche

Influencer sollten behandelt werden wie andere Stakeholder eines Unternehmens: Vor der direkten Ansprache muss herausgefunden werden, was die Interessen und Bedürfnisse sind, was sie motiviert und ob sie an einer Unternehmenskooperation bzw. dem Unternehmen an sich interessiert sind. Man kann recherchieren auf welchen Konferenzen oder Events der mögliche Partner unterwegs ist, auf welchen Kanälen dieser kommuniziert, oder ob er schon einmal über das Unternehmen gesprochen hat.

Influencer betreiben ihre Kanäle entweder nebenberuflich als Hobby – in dem Fall nehmen sie ihre Tätigkeit in der Regel sehr persönlich und investieren kostbare Freizeit – oder sie betreiben ihre Kanäle hauptberuflich, finanzieren sich ihren Lebensunterhalt als Selbstständiger und müssen mit ihrer Zeit und ihren Ressourcen streng haushalten. Anfragen an Influencer sollten deshalb immer für beide Seiten eine Win-Win-Situation darstellen (siehe auch Kapitel 5.2 Assets).

Viele sehen beim Stichwort „Influencer" eine junge Person vor sich, die in der Mittagspause mit Vorliebe ihr Essen fotografiert und „kurz hochlädt". Dass hinter einem erfolgreichen Kanal oder Blog harte Arbeit steckt und diese so zeitintensiv wie ein Vollzeitjob sein kann, ist vielen nicht bewusst.

Marketingverantwortliche müssen sich dies bewusst machen und die Frage beantworten: Was biete ich dem Influencer? Welchen Vorteil zieht er aus unserer Kooperation? Passen die Assets, die wir definiert haben zu seinen Interessen und seinem Geschäftsmodell? Über welchen Kanal erreiche ich den Influencer am besten? Arbeitet er mit einem Management?

Eine professionelle E-Mail mit der entsprechenden Anfrage ist Pflicht. Wer gleichzeitig auf den sozialen Kanälen des Influencers kommentiert und eventuell eine Direktnachricht hinterlässt, kann seine Chancen erhöhen, vom Influencer wahrgenommen zu werden.

Erstansprache

Wenn alle Eigenschaften des Influencers betrachtet und die möglichen Assets festgelegt wurden, steht einer Kontaktaufnahme nichts mehr im Weg. Hier gelten natürlich die allgemeinen Regeln der Höflichkeit und Professionalität, auch wenn oft ein lockerer Umgangston in sozialen Medien herrscht und häufig von Vornherein geduzt wird.

Die konkrete Ansprache erfordert Fingerspitzengefühl und darf auf keinen Fall nach dem Gießkannenprinzip erfolgen. Durch den Hype um Mikro-Influencer, den auch unerfahrene Unternehmen nutzen wollten, war der Massenversand von sogenannten Seeding Kits mit Gratisprodukten 2018 leider wieder häufiger zu beobachten gewesen (vgl. Herrmann 2018, S. 14 f.). Unpersönliche Massen-E-Mails, Verteilerlisten und Standardfloskeln sind völlig fehl am Platz und können im schlimmsten Fall negative Folgen haben, denn Influencer veröffentlichen wie zu Beginn des Kapitels ausgeführt ihre Erfahrungen mit unpassenden Anfragen nicht selten im Internet. Und selbst wenn keine negative Kommunikation stattfindet: eines von sieben Unternehmen zu sein, dessen Brand-Paket pro Tag bei einem Influencer ausgepackt wird, hat kaum die Werbewirkung, die man sich erhofft hat.

Die erste Kommunikation eines Unternehmens mit einem potenziellen Kooperationspartner sollte demnach:

- persönlich sein (mit Namen, nicht ‚lieber Blogger‘);
- zugeschnitten auf den Blog und dessen Themen sowie bisherige Kooperationen;
- kurz und auf den Punkt (sowohl Influencer als auch Management haben wenig Zeit)

- immer vor dem Hintergrund geschehen, dass es das Unternehmen ist, das Unterstützung vom Influencer erbittet, nicht umgekehrt.

Ann-Katrin Schmitz, Management und Brand Relations von NovaLanaLove, gibt in ihrem Gastbeitrag bei Erwin Lammenett Tipps für die erste E-Mail. Sie empfiehlt, sich eher kurz zu halten und durch Formulierung und Zurückhalten von Informationen einen Spannungsbogen aufzubauen. Mit einem klassischen Geheimhaltungsvertrag (NDA, non-disclosure agreement) kann das Unternehmen zusätzlich Spannung aufbauen und gleichzeitig sensible Informationen schützen. Häufig sind Influencer in Launch-Kampagnen involviert und erfahren vertrauliche Interna bevor das Produkt auf dem Markt eingeführt wird.

„Folgende Fragen sollten im Rahmen der Erstansprache unbedingt beantwortet werden:

- Um welches Produkt/welche Dienstleistung (z.B. dekorative Kosmetik, SkinCare, Kosmetikinstitut, Fashion Store, Reisebüro, usw.) handelt es sich und in welchem Segment (z.B. Low Cost, High Street, Luxus usw.) ist diese/s ansässig?
- Welche kreative Idee/Mood steckt hinter der geplanten Kampagne/Aktivierung? Gerne kann der Hintergrund in einer separaten PDF-Datei erklärt werden.
- Warum wurde gerade dieser Influencer ausgewählt?
- In welchem Zeitraum soll die Zusammenarbeit/evtl. Pressereise stattfinden (wenn dieser bereits feststeht)?“ (Schmitz 2019, S. 173)

Wenn die erste (digitale) Kontaktaufnahme von Erfolg gekrönt ist, bietet sich als nächstes ein (persönliches oder telefonisches) Gespräch an, um schnell und transparent zu klären, ob beide Seiten ähnliche Vorstellung bezüglich der Zusammenarbeit haben.

Das Briefing

Ein präzises Briefing für den Influencer ist der Schlüssel für eine lückenlose inhaltliche Abstimmung mit dem Unternehmen. Hier passieren immer noch zu viele Missverständnisse. Je mehr der Influencer weiß – zum Beispiel über Zielsetzung und Rahmen einer Kampagne – desto besser kann er die Inhalte gestalten. Nur bei transparenter Kommunikation und dem Einbeziehen in die Marketingstrategie kann der Influencer zum strategischen Partner werden, der mitdenkt, mitentwickelt und auch längerfristig Mehrwert liefert.

Deshalb ist es zu empfehlen, ausreichend Zeit und Energie in das (initiale) Briefing zu investieren. Allerdings sollte das Briefing gleichzeitig nicht zu ausufernd sein und die wichtigsten Themen klar priorisieren.

Das Briefing

- Wofür steht die Marke?
- Was ist das Alleinstellungsmerkmal des Marketinggegenstandes?
- Was ist das Ziel der Kampagne?
- Ist die Influencer Kooperation in eine größere Kampagne eingebettet?
- Gibt es konkrete Vorstellungen zum Content, den der Influencer produzieren soll? Sind ein Gutschein oder ein Promo-Code geplant?
- Welche Keywords können für das Thema/die Marke empfohlen werden?
- Wer ist die anvisierte Zielgruppe?
- Was ist die favorisierte Plattform?
- Wie lautet der gewünschte Call-to-Action?
- Welches Timing ist vorgegeben?
- Woran wird Erfolg gemessen?
- Sind spezielle Hashtags oder Links zu berücksichtigen?
- Welche Informationen bzw. welches Material bekommt der Influencer zur Verfügung?

- Steht das Produkt im Vordergrund oder eher am Rand der geplanten Beiträge?
- In welcher Form und wie prominent wird das Unternehmen erwähnt?
- Wie muss die Kennzeichnung als Werbeinhalt konkret aussehen?

Diese Auflistung enthält wichtige Punkte, die angesprochen werden sollten – allerdings erhebt sie keinen Anspruch auf Vollständigkeit. Es sind auch nicht alle Fragen für jede Kooperation von Belang.

5.5.2 Es kann losgehen: vertragliche Regelungen

Ein präzises Briefing kann durchaus vor unliebsamen Überraschungen schützen, ersetzt aber nicht den eigentlichen Vertrag. Eine schriftliche Vereinbarung sorgt dafür, dass keine falschen Erwartungen aufkommen und am Ende keiner mit dem Ergebnis unzufrieden sein kann – sowohl aus der Perspektive des Marketingentscheiders, als auch aus der des Influencers.

Schwierigkeiten treten beispielsweise dann auf, wenn die erstellten Inhalte den Ansprüchen des Unternehmens nicht genügen oder nicht ausreichend in den Social-Media-Kanälen des Influencers verbreitet werden – der Influencer aber behauptet, das Verbreiten der Inhalte sei in dem Ausmaß nicht Teil der Absprache gewesen. Wenn das Unternehmen wegen eines Verstoßes gegen die Kennzeichnungspflicht abgemahnt wird, der Influencer sich aber auf eine telefonische Abstimmung zu dem Thema beruft, für die es keine Zeugen gibt. Oder wenn der Influencer nachträglich Lizenzrechte geltend macht dafür, dass das Unternehmen die Inhalte auch auf eigenen Plattformen eingestellt hat und vorher keine Nutzungsrechte eingeholt hat.

In all diesen Fällen hätte eine vertragliche Regelung Erwartungen klarstellen und Konfliktpotenzial vermeiden können – so wie es in Geschäftsbeziehungen allgemein üblich ist. Ein Influencer-Kooperationsvertrag ist deshalb nicht als abschreckend zu verstehen, sondern als Zeichen professioneller Zusammenarbeit. In Form eines schlichten Dokumentes können die wichtigsten Belange geregelt werden.

Der Vertrag

- Konkrete Liefergegenstände (z.B. ein Blogpost mit drei bis fünf qualitativ hochwertigen Fotos) inkl. Zeitrahmen;
- Nebenleistungen, wie z.B. das Teilen der Beiträge in den Kanälen des Influencers;
- Das Einhalten professioneller Standards (keine falschen Statements, keine Plagiate, kein Rassismus etc.);
- Klarname und Social-Media-Name des Influencers;
- Inbegriffene Nutzungsrechte am erstellten Material für das Unternehmen (‚Buy-Out'‘);
- Hinweise auf die Kennzeichnungspflicht der werblichen Inhalte und deren konkrete Gestaltung & Platzierung;
- Regelungen für die Kostenverantwortung oder Kostenteilung im Fall einer Abmahnung;
- Die Form der Vergütung für den Influencer (Bedingungen und Zeitpunkt);
- Eventuell Einblicke in Metriken (das Unternehmen hat ja keinen direkten Zugriff auf die Profile des Influencers);
- In welchem Umfang ist der Influencer exklusiv diesem Unternehmen verpflichtet? (z.B. für den Sommer wird er mit keiner anderen Marke aus dieser speziellen Branche zusammenarbeiten oder über mehrere Jahre als Markenbotschafter)

Was ein solcher Kooperationsvertrag nicht leisten kann, ist eine klare Festlegung von konkreten Inhalten. Influencer-Kampagnen leben von ihrer Authentizität. Je mehr Freiheit der Influencer erhält, um die Markenbotschaft in seinen eigenen Worten wiederzugeben, desto stärker wird die Nachricht bei seinen Followern ankommen. Je mehr die Botschaft erzwungen wird oder einem starren Skript folgt, desto weniger effektiv wird diese sein. Die Follower erkennen durchaus den persönlichen Stil und die Tonalität eines Influencers.

Achtung: Ein Vertrag sichert zwar beide Seiten ab, birgt aber auch die Gefahr, dass ein weniger engagierter Influencer nur gerade so viel leistet, wie es als Minimum festgehalten ist.

Für Unternehmen bedeutet dies, den Leistungsumfang vorausschauend und ganzheitlich zu definieren – gegebenenfalls mit dem Influencer gemeinsam. Außerdem sollte es einen Blick darauf haben, wie engagiert der Influencer ist. Eine gewisse Leidenschaft für das Thema lässt vermuten, dass der Influencer sich auch über das Minimum hinaus vermutlich für das Produkt, Event oder einen anderen angebotenen Kommunikationsanlass begeistert.

Eine Alternative zum klassischen Vertrag, aber immerhin ein vertragsähnlicher Gegenstand, ist die gängige Praxis, einen Kostenvoranschlag oder ein Angebot (zum Beispiel per Mail) zu schicken. Dieser wird gegengezeichnet oder es erfolgt eine ausdrückliche Beauftragung.

Grundsätzlich muss die Leistung (sprich: die Liefergegenstände) vertraglich festgehalten werden, sobald in einer Kooperation Geld fließt. Dementsprechend ist für die Influencer Relations, die sich an der klassischen Pressearbeit orientieren, ein Vertrag hinfällig. In Anlehnung an die Arbeit mit Journalisten soll die Neutralität und Unabhängigkeit gewahrt werden – ein Vertrag würde dem Prinzip widersprechen.

5.5.3 Umsetzungsbegleitung & Beziehungspflege

Sobald der Vertrag abgeschlossen ist und es an die Umsetzung geht, ist eines ganz wichtig: Lassen Sie den Influencer nicht allein. Das ist aus zwei Perspektiven relevant:

[1] Auf der einen Seite sollten Sie nicht die Kontrolle und den Überblick verlieren. Auch wenn Sie als Unternehmen der Kre-

ativität des Influencers weitestgehend freien Lauf lassen sollten, kann und muss nachgeprüft werden, ob die Bestandteile des Vertrags eingehalten werden, z.B. bzgl. Posting-Frequenz, Timing oder Exklusivität.

[2] Auf der anderen Seite sollten Sie jederzeit für eventuelle Rückfragen des Influencers zur Verfügung stehen. Vor allem bei längerfristigen Kooperationen, die sich über einen gewissen Zeitraum erstrecken, sollten Sie regelmäßig in Kontakt sein.

> Wenn Influencer zum Beispiel zu einem Event eingeladen sind, um von dort zu berichten und vielleicht sogar an einem Meet & Greet teilzunehmen, stellen Sie sicher, dass es vor Ort eine Betreuung gibt, die alle begrüßt, herumführt, mit den Örtlichkeiten und dem Zeitplan vertraut macht und dass für die Verpflegung gesorgt ist.

Bei Kooperationen im Sinne der Produktentwicklung ist natürlich weitaus mehr Kontakt notwendig als bei einer reinen Product-Placement-Kooperation. Stellen Sie einen Zeitplan auf und vereinbaren Sie regelmäßige Meetings und Abstimmungen (virtuell oder persönlich).

Aktives Community Management

In Kapitel 4.4 wurde bereits auf Community Management als Format im Influencer Marketing verwiesen. Bei der Arbeit mit Influencern steht in irgendeiner Form die Aktivierung seiner Community auf der Agenda – das Ziel ist immer eine Form von Aufmerksamkeit, Interaktion und Engagement. Wenn ein solches „Gespräch“ über eine Marke oder ein Produkt angestoßen wird, sollte das Unternehmen auch bereit sein, mitzureden. Nehmen Sie also an den Gesprächen teil, ohne zu stark einzugreifen. Es gibt zahlreiche Möglichkeiten: Liken, Kommentieren oder auf Kommentare hin nach Details fragen, selbst Fragen beantworten, oder ähnliche Gedanken zusammenfassen und als These oder Frage in das Gespräch zurückgeben.

Eine Community kann nicht wirklich gesteuert werden, aber sie kann stimuliert und bis zu einem gewissen Grad auch gelenkt werden. Jeff Howe bringt es auf den Punkt: „Yes, communities need a decider (as well as a helping hand, a shoulder to cry on, and an occasional dean of discipline). But in the end [...] you can try to guide the community, but ultimately you'll wind up following them". (Howe 2009, S. 188–189).

Kommunikation im Krisenfall

Eine Befürchtung vieler Unternehmen ist der Verlust von Kontrolle in Konversationen, die im Internet stattfinden – ob nun ein Influencer beteiligt ist oder nicht – da Nutzer frei heraus und teilweise anonym Feedback geben können, das für jedermann einsehbar ist. Vermeiden lässt sich dieses Risiko in den sozialen Medien nie vollständig, es kann aber reduziert werden. Einem Shitstorm vorbeugen können Sie zum Beispiel durch Beachtung folgender Tipps:

- **Schwachstelle**: Falls Sie in jüngerer Zeit bereits mit negativen Schlagzeilen zu kämpfen hatten, z.B. durch einen Produktrückruf, eine Klage oder einfach ein schlechtes Feedback auf ein neues Produkt, sollten Sie die Kampagne eventuell verschieben.
- **Besonnenheit**: Sie müssen nicht jeden Social-Media-Trend (z.B. Meme, Hashtag, Challenge etc.) mitmachen. Bevor Sie auf einen solchen Zug aufspringen, nehmen Sie sich die Zeit zu recherchieren, was hinter der Aktion steckt, wo sie herkommt und ob das mit Ihren Werten als Unternehmen vereinbar ist.
- **Ansprechpartner**: Benennen (und schulen) Sie einen Ansprechpartner im Unternehmen oder in der Agentur, die bei Notfällen dem Influencer zur Verfügung steht.
- **Authentizität**: Nehmen Sie sich genug Zeit bei der Konzeption der Kampagne und der Auswahl der Influencer bezüglich des Marken-Fit. Wenn Sie Influencer auswählen, die inhaltlich und in ihren Werten zur Marke passen oder sogar Markenfans sind, ist das Risiko einer negativen Rezeption geringer.
- **Transparenz**: Verschleiern Sie Ihre Zusammenarbeit mit Influencern nicht und bestehen Sie auf korrekter Kennzeichnung von Werbung oder Sponsoring (siehe auch Kapitel 7).

- **Weltgeschehen**: Wie bei anderen Marketingaktivitäten auch, ist es in vielen Fällen sinnvoll, auch Ihre Influencer Aktionen zu pausieren, wenn es eine nationale oder internationale Krise gibt. Ansonsten laufen Sie Gefahr, dass Ihre Werbung direkt neben trauernden Nachrichten auftaucht. Dies würde ein unangenehmes Licht auf Ihre Marke werfen.
- **Eskalationsplan**: Legen Sie im Vorfeld einen Krisenkommunikationsplan fest bzw. integrieren Sie die Influencer-Kommunikation in bestehende Eskalationspläne: Wann wird wer involviert? Wer nimmt nach außen Stellung? Wie gehen Sie mit negativen Kommentaren um (inhaltlich, zeitlich und räumlich – also auf welchem Kanal)?

Falls es doch zu übermäßiger Kritik, unsachlichen Kommentaren oder gar Beleidigungen kommt, hilft Ihnen der festgelegte Eskalationsplan. Im Folgenden finden Sie einige Tipps, wie sie in einer „Krise“ reagieren – die Liste ist jedoch nur als Anregung zu verstehen und stellt keinen vollständigen Kommunikationsplan dar:

- Wenn die Diskussion ins Rollen kommt, versuchen Sie nicht, diese krampfhaft zu unterbinden. Im Zweifel ist das erst der Tropfen, der aus der Diskussion einen Shitstorm macht. Nicht jede kontroverse Diskussion oder Reaktion ist ein Shitstorm und mit unnötiger Strenge können Sie aus einer Mücke einen Elefanten machen. Verschaffen Sie sich einen Überblick, sprechen Sie mit dem Influencer und hören Sie sich seine Einschätzung an. Falls die Diskussion „nur“ kontrovers und nicht eindeutig negativ ist, können Sie versuchen, Fürsprecher innerhalb der Influencer oder Marken-Community zu aktivieren und so eine weitere Eskalation verhindern (vgl. Lammenett 2019, S. 235 f.).
- Reagieren Sie direkt, aber nicht überstürzt: Wenn Sie eine Influencer (oder allgemein Social Media) Kampagne starten, müssen Sie die Konversationen dazu im Auge behalten, idealerweise in Echtzeit. Und wenn etwas schief geht, sollten Sie auch in Echtzeit reagieren. Allerdings nicht voreilig: Falls Sie sich unsicher sind oder intern erst klären müssen, ob ein Vorwurf

zum Beispiel stimmt, reicht es im ersten Schritt, die Situation öffentlich einzugestehen und um etwas Zeit zu bitten, den Sachverhalt zu prüfen.

- Entschuldigen Sie sich – wenn nötig: Vermeiden Sie Schuldzugeständnisse oder Schuldzuweisungen, wenn Sie vorher nicht genau geprüft haben, wo der Fehler liegt. Wenn Sie sich entschuldigen, kommunizieren Sie ehrlich. Eine „schlechte" Entschuldigung kann alles noch schlimmer machen. Vermeiden Sie Worte der Rechtfertigung oder Relativierung wie „falls" und „aber" (vgl. Sammis et al. 2016, S. 214).
- Umgang mit „Trollen": Trolle sind Personen im Internet, die aus Prinzip unsachlich, provozierend oder beleidigend agieren und kommunizieren. Lassen Sie sich nicht in eine Diskussion mit einem Troll verwickeln. Bleiben Sie respektvoll und höflich. Falls der Troll falsche Informationen verbreitet, weisen Sie auf die tatsächlichen Fakten hin oder verlinken Sie auf entsprechende Inhalte. Sammis et al. geben den wertvollen Tipp: „You don't have to have the last word, you just have to have the correct word." (Sammis et al. 2016, S. 203)

Mediale Verlängerung und Integration

Häufig wird während oder nach einer Aktion vergessen, dass die Inhalte eines Influencers für eigene Kommunikationszwecke genutzt werden können oder mit medialer Verlängerung zusätzliche Reichweite generiert werden kann. Dabei ist es ganz einfach:

- Geben Sie den Posts über Ad Extensions und Mediabudget eine größere Reichweite in relevanten Zielgruppen über die Community des Influencers hinaus.
- Reposten Sie Inhalte von Influencern in eigenen Social-Media-Kanälen und verlinken Sie darauf.
- Nutzen Sie (bei entsprechender Vereinbarung bzgl. Nutzungsrechten) Texte, Bilder, Videos und andere Inhalte der Influencer für andere Kanäle wie Ihre Homepage, Newsletter, Infomaterialien, am Point of Sale, in der Online-Display-Werbung oder in Plakatkampagnen.

Follow-up und Relationship Building

An mehreren Stellen sprechen wir davon, wie sinnvoll es ist, langfristige Beziehungen aufzubauen zu Influencern, mit denen Sie gut zusammenarbeiten. Und selbst wenn Sie nicht vorhaben, direkt wieder mit dem Influencer zu arbeiten: Führen Sie ein Abschlussgespräch und bitten Sie um Feedback – sowohl zu Ihren Produkten als auch zum Ablauf der Zusammenarbeit. Auf diesem Weg können wertvolle Eindrücke und Verbesserungsvorschläge eingeholt werden. Außerdem beugen Sie so einer möglichen negativen Mund-zu-Mund-Berichterstattung unter Influencern vor.

Vor allem in Meinungsmacher, die Sie langfristig ans Unternehmen binden möchten oder mit denen Sie wiederholt arbeiten möchten, sollten Sie etwas Zeit investieren – so wie es im Sinne der PR auch bei Geschäftskunden üblich ist:

- Bleiben Sie in Kontakt.
- Geben Sie Ausblicke auf weitere Kooperationen.
- Halten Sie persönliche Daten fest, die Sie bei Bedarf nutzen können (z.B. Geburtstage, persönliche Ziele etc.).
- Versenden Sie persönliche Einladungen zu Events.
- Falls passend: verschicken Sie Aufmerksamkeiten zu besonderen Anlässen (z.B. Weihnachten)

Das sorgt für eine festere Beziehung, wertvolle Transparenz und eine angenehmere und weniger aufwendige Kommunikation in der Zukunft.

5.6 Controlling: Kennzahlen und Erfolgsmessung

Den Erfolg einer Influencer Marketing-Kampagne in konkreten Zahlen zu ermitteln, ist wohl nach wie vor die größte Herausforderung in der jungen Marketingdisziplin. Das sagen zumindest 78 Prozent der Teilnehmer einer Befragung unter Marketingexperten aus 2017 (vgl. Chen 2017). Auch 2018 hat sich daran nicht viel geändert: Laut einer Umfrage des BVDM nennen nach wie vor zwei Drittel der Marketingexperten die Messbarkeit als größte Herausforderungen im Influencer Marketing (vgl. Bundesverband Digitale Wirtschaft e.V. 2018, S. 11). Das Paradoxe daran: Gleichzeitig halten die Befragten derselben Umfrage an sehr „operativen“ KPIs wie Reach, Impressions, Klicks & Views fest, die mit Abstand als am wichtigsten eingeschätzt werden. „Harte“ Vertriebskennzahlen, die den Erfolg einer Influencer Kampagne auf andere Weise messbar machen können, sind hingegen weniger wichtig – eingelöste Gutscheincodes zum Beispiel sind für jeden dritten befragten sogar „unwichtig“ (vgl. Bundesverband Digitale Wirtschaft e.V. 2018, S. 13).

Controlling muss größer gedacht werden: „Kernfrage des Controllings ist immer, inwieweit die durchgeführten Maßnahmen einen Beitrag zum eigentlichen Marketing-Ziel geleistet haben.“ (Lammenett 2019, S. 201)

Erfolgsmessung für Marketingkampagnen

Die Ermittlung des Erfolges einzelner Kampagnen kann anhand von fünf Schritten erfolgen.

Schritt 1 | Strategische Ziele definieren

Die übergeordneten quantitativen Unternehmens- und Marketingziele sind in der Regel:

- Umsatz
- Absatzmenge
- Gewinn
- Marktanteile
- Rentabilität
- Deckungsbeitrag (Halfmann 2018, S. 17)

Marketing-Strategie und Zielsetzungen für konkrete Marketingmaßnahmen sollten letztendlich immer auf die übergeordneten Ziele einzahlen.

Ansonsten gilt: Nur Fragen, die vorher gestellt werden, können am Ende auch beantwortet werden. Wie Sie angemessene Ziele definieren, ist in Kapitel 4 näher beschrieben.

Schritt 2 | Messbarkeit dieser Ziele evaluieren

Ordnen Sie nun im zweiten Schritt diesen Zielen auch eine oder mehrere Kennzahlen zu, anhand derer Sie die Erreichung dieses Ziels knüpfen können. Im zweiten Teil dieses Kapitels finden Sie eine Übersicht der geläufigsten Kennzahlen im Influencer Marketing (siehe Abbildung 51, kein Anspruch auf Vollständigkeit).

Diese Zuordnung muss vor dem Start der Kampagne vorgenommen werden, idealerweise im Grobkonzept (siehe Kapitel 5.2), denn die Ziele der Kampagne haben Auswirkungen darauf, wie diese aufgesetzt werden muss. Wer zum Beispiel Verkaufszahlen messen will, muss vorher sicherstellen, dass er diese Zahlen auch einsehen kann, z.B. über einen Gutschein-Code.

Schritt 3 | Daten sammeln

Der erste Schritt zur Auswertung einer Kampagne anhand der festgelegten KPIs ist das Erstellen einer Art Inventarliste, sprich: das Messen von Anzahl, Zuwachs oder Rückgang der festgelegten Kennzahlen.

Tipps für Tools und Datenbanken

Im Folgenden finden Sie eine Auswahl an (in der Regel kostenpflichtigen) Tools, die zur Analyse von Influencer Marketing Kampagnen genutzt werden können, wenn Sie selbstgesteuert arbeiten. Wenn Sie mit Marktplätzen und/oder Agenturen arbeiten, sollte die Analyse dort im Leistungsportfolio mit abgedeckt sein. Die Auflistung ist in keinem Fall als abschließend zu verstehen und alphabetisch sortiert.

> **Keyhole:** Der Fokus von Keyhole liegt darauf, alle stattfindenden Konversationen im Internet zu bestimmten Themen messbar zu machen und die Personen dahinter zu verstehen. Ihre Stärken (laut eigenen Angaben): Hashtag Analytics, Real-Time Data; Schnelle Berichte; Influencer Analytics
> https://keyhole.co/
> Claim: Unlock the Internet.
> Channels im Fokus: Twitter, Instagram, Facebook, YouTube

socialbakers: Die Schwerpunkte der Analytics-Funktionen von socialbakers liegen auf Multi-Channel Performance Tracking; Competitor Trends Monitoring; Audience Analysis und Influencer Campaign Measurement. Neben Analytics bietet die „End-to-End Social Media Marketing Platform“ aber auch weitere Services zum Beispiel fürs Kampagnenmanagement.
https://socialbakers.com/
Claim: AI-Powered Social Media Marketing
Channels im Fokus: Twitter, Instagram, Facebook, YouTube

quintly: Track, benchmark, optimize – das ist der Dreiklang den quintly für die Analyse von Social Media Performance anbietet. Ihr Markenversprechen: Sie bieten Advanced Analytics an, aber so vereinfacht aufbereitet, dass es jeder nutzen kann.
https://quintly.com/
Claim: Social media analytics made simple
Channels im Fokus: Twitter, Instagram, Facebook, YouTube, Pinterest, LinkedIn, Snapchat

Schritt 4 | Die gesammelten Daten auswerten

Im nächsten Schritt werden die gesammelten Zahlen evaluiert. Der wichtigste Tipp für diese Phase: Stellen Sie Fragen. Für die Auswertung können Sie die gesammelten Daten vergleichen (mit den gesetzten Zielen) in Relation setzen (z.B. zu Besonderheiten der Branche und internen wie externen Benchmarks), oder verknüpfen (mit anderen Zielen zur indirekten Erfolgsmessung):

[1] ***Vergleichen***

Eine sinnvolle Auswertung wird erst dann möglich, wenn die Kampagnenwerte mit den definierten Zielen abgeglichen werden.

Erfüllen oder übertreffen Sie vielleicht sogar Ihre Kampagnenziele, haben Sie trotzdem eine Aufgabe: Finden Sie die Gründe für den Erfolg heraus, damit diese Muster für weitere Kampagnen genutzt werden können. Dies gilt selbstverständlich auch für die Nichterreichung von Zielen. Ziehen

Sie stets Schlüsse aus Marketing-Kampagnen, um daraus zu lernen und Anhaltspunkte für zukünftige Projekte zu erhalten.

Werden die Ziele verfehlt, ist es besonders wichtig, die Ergebnisse nicht unter den Tisch zu kehren, sondern Schlüsse daraus zu ziehen und die nächste Kampagne entsprechend anzupassen. Es gilt herauszufinden, warum die Kampagne mangelhaft performt.

Tipp: Sie können die Posts des Influencers, die im Rahmen Ihrer Kooperation entstanden sind, zusätzlich mit anderen Posts des Influencers vergleichen (sowohl organisch als auch ggf. andere Kooperationen), um ein Gefühl dafür zu bekommen, wie gut der Inhalt bei der Community angekommen ist.

Ist die Kampagne schlechter gelaufen als erwartet, können Sie sich u.a. folgende Fragen stellen:

- Liegt es daran, dass die Follower des Influencers nicht Teil der anvisierten Zielgruppe sind?
- Sprechen wir vielleicht die falsche Zielgruppe an?
- Sprechen wir die richtige Zielgruppe mit der falschen Botschaft an?
- Ist die Aufbereitung der Inhalte „lieblos" oder erkennbar anders im Vergleich zu den nicht gesponsorten Posts des Influencers?
- Wurden dem Influencer zu strenge Vorgaben gemacht?
- Ist es vielleicht nicht der richtige Influencer?
- Wurde zu einer ungünstigen Uhrzeit gepostet oder an einem ungünstigen Wochentag?
- Welche externen Faktoren könnte es gegeben haben, die dazu geführt haben, dass die Menschen grundsätzlich weniger online waren zum Zeitpunkt der Kampagne? (Sonnenstunden, Dominanz der Berichterstattung und Medien durch gesellschaftliches Ereignis, WM-Finale etc.)

[2] ***In Relation setzen***

Je nachdem, was die Lead-Definition ist, können die klassischen Social Media-Kennzahlen auch Business-KPIs sein. Grundsätzlich ist die Erfolgsmessung sehr stark abhängig vom Produkt, der Branche und der Situation.

> Kanäle für Anti-Aging-Produkte haben zum Beispiel eine starke Follower-Wachstumsrate, weil sich viele Menschen zu diesem Thema informieren möchten. Gleichzeitig verzeichnen sie niedrige Interaktionsraten, weil sich niemand mit einem Like oder Kommentar als „alt" outen möchte.

In Kapitel 5.4 wurde bereits in Bezug auf Influencer ausgeführt, dass eine „relevante" Followerzahl immer auch von der Branche abhängt: Hunderttausende oder Millionen Follower sind in Lifestyle-Themen oder im Bereich Sport und Musik durchaus üblich – in b2b-Umfeldern oder Nischenthemen können auch 500 oder 1.000 Follower bereits Relevanz haben. Dasselbe gilt für die generierten Reichweiten, Like-Zahlen, Conversion-Rates etc. Informieren Sie sich über übliche Benchmarks für Ihre Branche.

Zusätzlich zur Branche und deren Benchmarks können Sie die Werte einer Kampagne auch in Relation zu Ihren eigenen Benchmarks setzen: Vergleichen Sie entsprechende Werte (zum Beispiel den Tausenderkontaktpreis oder Kosten pro Conversion) mit vergangenen, vergleichbaren Kampagnen oder mit Kampagnen in anderen Kanälen. Dieser Vergleich kann Ihnen ein Gefühl dafür geben, wie effizient Influencer Marketing für Ihr Geschäft ist und wie es sich in den Marketing-Mix einfügt, z.B. bezüglich Schwerpunkt- und Budgetplanung.

[3] ***Verknüpfen***

Eine andere Möglichkeit wäre, den Mehrwert, den eine Kampagne zur Erreichung der übergeordneten Unternehmensziele beisteuert, indirekt zu berechnen:

> **Beispiel:** Angenommen, Ihr Umsatzziel beträgt 2 Millionen Euro und um diesen Umsatz zu erreichen, müssen Sie 2,5 Mil-

lionen Produkte verkaufen. Ihre Erfahrung und Erkenntnisse aus der Marktforschung sagen Ihnen, dass Sie etwa 10 Millionen Menschen aus Ihrer Zielgruppe erreichen müssen, um die gewünschte Anzahl an Verkäufen zu generieren. Nun haben Sie eine Kennzahl, an der Sie den Erfolg einer Influencer-Kampagne messen können. Wenn Sie durch den Influencer eine Million Menschen erreicht haben, bedeutet dies, dass Sie 10 Prozent der Reichweite generiert haben, die zur Zielerreichung notwendig sind.

Einen solchen Wert (anteiliges Umsatzziel) kann man den Kosten für die Kampagne gegenüberstellen. Dadurch können interne Benchmarks generiert werden. Ein solches Vorgehen hilft auch bei der Beurteilung von vergleichbaren Marketingkampagnen.

Schritt 5 | Erkenntnisse ableiten

Im letzten Schritt müssen aus den Daten und Analysen Erkenntnisse abgeleitet werden, die dabei helfen, Fehler beim nächsten Mal zu vermeiden und Erfolgsmuster wiederzuverwenden oder sogar zu optimieren. Beantworten Sie dazu die Fragen, die Sie im vierten Schritt gestellt haben.

Sammis et al. (2016, S. 166) beschreiben ein anschauliches **Beispiel** einer solchen optimierenden Erkenntnis, die mit der Auswertung bestimmter Kennzahlen möglich ist: Angenommen, das Ziel einer Facebook-Kampagne war es, täglich 30 Shares für einen Coupon zu erreichen. Das Monitoring misst durchschnittlich 23 Shares. Allerdings wird bei einem genaueren Blick deutlich, dass Influencer, die morgens posteten, im Schnitt doppelt so viele Shares auslösten wie andere, die abends oder nachts posteten. Das kann für die nächste Kampagne berücksichtigt und in das Briefing mitaufgenommen werden. Schließlich werden die Ergebnisse der nächsten Kampagne ausgewertet und analysiert, ob sich dadurch Veränderungen ergeben haben.

Effizienz- und Wirkungsmessung im Influencer Marketing

Das sagt die Expertin

PLAN.NET

Theresa Timnik ist Teamleiterin für Content & Influencer Marketing in der Plan.Net NEO (Serviceplan Gruppe), die sich um die Verbindung von Daten, Content und Media für wirksame digitale Customer Experiences kümmert. Theresa ist dabei federführend für die Entwicklung dieses Geschäftsbereichs verantwortlich und verfügt über mehrjährige Erfahrungen bei der strategischen Entwicklung und operativen Umsetzung von Kooperationen in der noch relativ jungen Disziplin.

Viele Marketer sehen die (fehlende) Messbarkeit von Influencer Marketing nach wie vor als großes Problem. Stimmen Sie dem zu, Frau Timnik?

Wir sehen Influencer Marketing als eine klar messbare Marketing-Disziplin. Was allerdings wichtig ist, bevor eine Kampagne umgesetzt wird, ist die klare Fokussierung auf ein Marketing-Ziel und den daraus abgeleiteten KPIs. Je nach Ziel müssen auch im Vorfeld Daten erhoben werden, die im Reporting eine Aussage über die Kampagnen-Effekte ermöglichen.

Wenn beispielsweise die Bekanntheit einer Marke, eines Produkts oder einer Dienstleistung erhöht werden soll, lässt sich das gut mit Metriken wie Reichweite oder – analog zu anderen Media-Maßnahmen – mit „(un)gestützte Markenwahrnehmung", „Relevant Set", „First Choice" etc. messen. Dabei helfen Methoden wie Befragungen oder quantitative Auswertungen der Influencer-Kanäle.

Bei letzterem sind wir aber teilweise auf den Support der Influencer angewiesen, die uns diese Informationen zur Verfügung stellen. Alternativ gibt es erste innovative Technologien abseits der gängigen Influencer-Tools, die diese Informationen ebenfalls abrufen können. Auch für performance-orientierte Kampagnen gibt es Messmethoden, obgleich auch hier bestimmte Bedingungen erfüllt sein müssen.

Herausfordernd ist also nicht unbedingt die Messbarkeit,

sondern vielmehr die Vergleichbarkeit zu anderen Media-Maßnahmen. Wir benötigen für die vergleichsweise junge Disziplin also dringend Medienäquivalenzwerte.

Warum muss Influencer Marketing anders behandelt werden als eine klassische Mediakampagne?

Die Besonderheit ist, dass Influencer oder Content Creators mit ihren Kanälen einerseits Distributoren sind, deren Kanäle also ähnlich wie Media-Plattformen funktionieren. Allerdings „bucht" oder kauft man nicht nur einen bestimmten Slot zu einer bestimmten Summe ein, auf dem eine Botschaft an eine bestimmte Zielgruppe kommuniziert werden soll, sondern bekommt auch noch die Werbemittelproduktion dazu. Die Creatives entsprechen dann zwar nicht immer der CI der Marke, sondern eher der des Influencers, gerade darin besteht aber der Vorteil: Influencer binden das Produkt oder die Marke authentisch in ihren Feed ein.

Besteht eine positive parasoziale Beziehung des Konsumenten (Follower) zum Absender (Content Creator/Influencer), ist auch die Wirkung durch Word of Mouth-Effekte eine stärkere als bei markeneigener Kommunikation bzw. klassischen Mediakampagnen – obwohl beides als Werbung gekennzeichnet sein muss.

Das macht es aber auch so spannend: die vielfältigen kreativen Umsetzungsmöglichkeiten und individuellen Anforderungen, die jedes Projekt mit sich bringt.

Wie kann man denn die Wirkung oder Effizienz einer Influencer Kooperation messen? Wie sieht euer Ansatz bei Plan.Net aus?

Unter dem Dach der Plan.Net NEO vereinen wir Daten, Content und Media. Das bedeutet, dass wir stets zielorientiert an eine Kampagne herangehen und Projekte ganzheitlich bewerten. Dabei setzen wir Instrumente aus der qualitativen und quantitativen Werbewirkungsforschung ein sowie Medienäquivalenz-Studien – in Kombination mit technischen Plattformen und Tools, die mediarelevante KPIs wie Reichweite oder Engagement anhand des geplanten Budgeteinsatzes prognostizieren.

Mit Kollegen innerhalb der Serviceplan Gruppe kann dann, je nach Ziel, das Studiendesign aufgesetzt werden und eine begleitende Studie durchgeführt werden. Durch die eigenen Erhebungen und die daraus resultierenden Daten können valide Aussagen zur Wirkung oder Effizienz einer Kampagne getroffen werden.

Kennzahlen im Influencer Marketing

In jeder neuen Marketingform gibt es eine Phase des ‚Trial and Error', in der getestet und optimiert werden muss. Dennoch ist zu empfehlen, dass wie bei jeder anderen Marketinginvestition auch ein Unternehmen sogenannte KPIs (Key Performance Indicator) definiert, an denen der Erfolg einer Kampagne gemessen wird. Für Influencer Marketing können drei Arten von KPIs unterschieden werden:

- Business-KPIs bzw. Leads;
- klassische Social Media-KPIs
- und inhaltliche Qualität in verschiedenen Dimensionen.

Business-KPIs

In der Regel sind Sales (Verkaufsabschlüsse) ein wichtiges wirtschaftliches Ziel, das allerdings im Influencer Marketing nur bedingt messbar ist. Ein klassischer Return on Investement (ROI = Gewinn abzüglich Kampagnenkosten) kann für Influencer Marketing nicht berechnet werden, da schlichtweg die Datengrundlage fehlt. Der Weg eines Kunden von einem Blog Post oder Instagram Post bis zum tatsächlichen Kauf ist nur schwer zu verfolgen.

In manchen Fällen können speziell zugeschnittene Coupons oder Promo-Codes helfen, allerdings lassen diese sich nicht auf jede Branche bzw. jedes Produkt anwenden und sollten auch nicht inflationär eingesetzt werden.

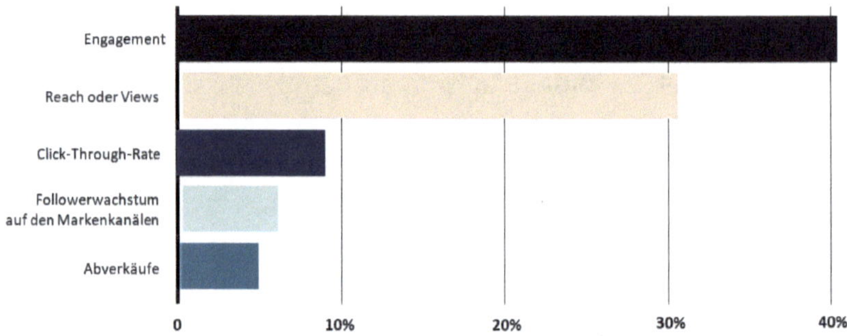

Abbildung 49: Umfrageergebnis zur Erfolgsmessung bei Influencer-Partnerschaften. Quelle: nach Chen 2016

Diese Problematik spiegelt sich auch in den Ergebnissen einer Umfrage des Content Marketing-Anbieters ‚Chute' wider (siehe Abbildung 49). Abverkäufe haben bei der Erfolgsmessung von Influencer-Kooperationen nicht die höchste Priorität. Dabei müssen Leads nicht immer in Verkäufen gemessen werden. Welche Leads sinnvoll und gewünscht sind, hängt immer vom Produkt und der Kampagne ab.

Der Begriff „**Lead**" (von engl. to lead = führen) steht im Marketing für einen neu gewonnenen Kontakt bzw. eine erfolgreiche erste Kontaktanbahnung mit potenziellen Kunden.

Eine **Conversion** ist über den Erstkontakt hinaus die Umwandlung des Status eines Kontaktes in einen anderen Status – zum Beispiel vom Interessenten zum Newsletter-Abonnenten, vom Abonnenten zum Käufer etc.

Ein Lead oder eine Conversion für eine Influencer-Kampagne könnte zum Beispiel sein:

- der Download einer App, einer Broschüre, eines Whitepapers, eines Gutscheins etc.;

- die Nutzung eines Promo-Codes oder Gutscheins zum Kauf einer Dienstleistung oder eines Produkts;
- die Teilnahme an einem Gewinnspiel;
- das Ausfüllen eines Kontaktformulars;
- eine gewisse Click-Trough-Rate zur entsprechenden Landingpage der Kampagne;
- abgeschlossene Dialoge auf einer Website – zum Beispiel das Abonnieren eines Newsletters, das Vereinbaren eines Beratungstermins oder das Abschließen eines Abonnements;
- ein abgeschlossener Kauf, z.B. über Affiliate Links.

Klassische Social Media-KPIs

Hierunter fallen zahlreiche Kennzahlen wie Followerzuwächse und Wachstumsraten, Video-Abrufe und Verweildauer oder Kommentare, Likes, Hashtag-Verbreitung und sonstiges Engagement in jeder Form. Das Engagement bzw. die Engagement-Rate ist in der Tat eine der beliebtesten Metriken im Bereich des Social Media Marketings im Allgemeinen und des Influencer Marketings im Besonderen. Sie misst anteilig, wie viele Menschen (der Zielgruppe) den Content gesehen und damit interagiert haben.

Allerdings gibt es keine eindeutige Formel zur Berechnung. Zahlreiche Elemente können zur Ermittlung des ‚Return on Engagement' herangezogen werden: Likes, Shares, Kommentare, Verweildauer oder Downloads, Klicks und viele mehr. Eine kleine Rechnung macht deutlich, dass die Interpretation einer Engagement-Rate dennoch mit Vorsicht zu genießen ist (siehe Abbildung 50). Zwischen der klassischen Interaktionsrate (Interaktionen pro Follower) und der tatsächlichen Engagement-Rate (Interaktionen pro Reichweite) liegt ein großer Unterschied.

Auch wenn dadurch verschiedene Berechnungen der Engagement-Rate weniger vergleichbar werden, bietet diese Flexibilität einen gewissen Vorteil: So kann die Metrik direkt auf die Ziele der eigenen Kampagnen zugeschnitten werden und liefert ein aussagekräftiges Ergebnis. Für ein Video zum Beispiel ist die Verweildauer eine wichtige Metrik, die in der Berechnung berücksichtigt werden kann.

Abbildung 50: Der Unterschied zwischen Followerzahl, Impressions und Reichweite

Die Problematik besteht eher darin, dass Marketingentscheider oder Agenturen die Followerzahl mit der Reichweite gleichsetzen – aus Unwissenheit oder aus dem Motiv heraus, die Zahlen zu beschönigen in der Annahme, eine größere Reichweiter sei grundsätzlich besser. Zielführend ist das nicht, aus mehreren Gründen: denn je höher die Zahl im Nenner, desto niedriger und weniger aussagekräftig ist die Engagement-Rate. Gleichzeitig muss bei einer imposanten Engagement-Rate von 45,3 Prozent auch hinter die Rechnung auf die absoluten Zahlen geachtet werden: 751 Menschen wurden erreicht, davon haben 340 reagiert. Fast jeder zweite, der den Post gesehen hat, hat damit auch interagiert – eine herausragende Quote, aber eine überschaubare absolute Zahl.

Achtung: Die Engagement-Rate kann auch durch einen Shitstorm in die Höhe getrieben werden. Vor allem auf Plattformen, die keine „Dislike"-Funktion erlauben wie YouTube, finden kritische Äußerungen in den Kommentaren statt.

Wer es ganz genau haben möchte, unterscheidet die Reichweite zusätzlich in primär (die des Influencers) und sekundär (wenn Follower oder andere Dritte den Post weiter teilen).

Bezüglich Followerzuwachs ist es sinnvoller, sich eher die relative Wachstumsrate anzuschauen als die absoluten Zahlen. Optimalerweise betrachtet man die Wachstumsrate über einen längeren Zeitraum. Die Entwicklung gibt in Zeiten der Algorithmen und steigenden Nutzerzahlen ein besseres Bild über den Erfolg eines Kanals. Denn das immer größer werdende Volumen an Content in den sozialen Medien macht es schwer, überhaupt Wachstum zu generieren. Wenn ein Nutzer mehr als 100 Profilen (privat oder Unternehmen) folgt, kann er schon nicht mehr alle Inhalte seiner favorisierten Accounts ausgespielt bekommen – geschweige denn die Inhalte von anderen Kanälen, die ihn gerne als Follower akquirieren möchten.

Auf Instagram spricht man aktuell von der „70-Prozent-Regel“: Aufgrund des Algorithmus und der wachsenden Content- und Nutzerzahlen bekommt nur etwa ein Drittel der Follower eines Kanals dessen Update in ihrem persönlichen Feed angezeigt. Dieser Effekt trifft mit der Zeit jede erfolgreiche soziale Plattform: Je mehr Menschen und Unternehmen die Plattform nutzen, desto mehr Inhalte gibt es. Wenn jemand 20 Accounts folgt, kann er alle Updates dieser 20 Accounts sehen und zusätzlich sogar Inhalte von Accounts, mit denen er bisher keine Berührungspunkte hatte, die aber zu seinen Interessen passen – Kundengewinnung also. Wenn allerdings jemand 200 oder sogar 1.000 Accounts folgt, können gar nicht alle Updates im Feed untergebracht werden.

Inhaltliche Qualität

Qualitative Daten – wie die Inhalte der Unterhaltungen, die ein Influencer mit seinen Followern über die Marke bzw. das Produkt führt – sind zwar deutlich schwerer auszuwerten, sie enthalten aber nutzbare Informationen und wichtige Indizien. Auch User Generated Content fällt in diesen Bereich.

User Generated Content (von Nutzern generierte Inhalt im Internet) in Bezug auf Influencer Marketing zeigt sich zum Beispiel in Blog-Beiträgen, die ein Thema aufgreifen, oder Instagram Posts, die den Kampagnenhashtag verwenden.

Diese Daten können der Marktforschung dienen oder dazu verwendet werden, den Wert der Marke und ihre Wahrnehmung in der Zielgruppe zu ermitteln. Auch Impulse für die Produktentwicklung können sich in den Daten verbergen – oder der Content kann direkt für die Unternehmenskommunikation weiterverwendet werden. Die inhaltliche Qualität nimmt demnach vier Dimensionen an:

[1] Qualitative Reichweite:

- Mit welcher Tonalität wird berichtet oder kommentiert?
- Wie ausführlich?
- Wird das Thema von anderen aufgegriffen?

[2] Handwerkliche Qualität:

- Sind Bilder, Texte, Videos, Grafiken inhaltlich korrekt?
- Sind sie kreativ, außergewöhnlich, besonders?
- Ist das Produkt bzw. die Marke sinnvoll eingebunden?

[3] Die Qualität der Interaktionen, insbesondere der Kommentare.

- Handelt es sich um Reaktionen auf die Kooperation?
- Wie viele Kommentare bestehen nur aus Smileys, die genauso gut von einem Chat-Bot stammen können?
- Wie viele negative/wie viele positive Kommentare gibt es?

[4] Sind die Inhalte dazu geeignet, für weitere Marketing- oder Kommunikationsmaßnahmen intern oder extern wiederverwendet und weiterverarbeitet zu werden? (Achtung, hier müssen entsprechende Nutzungsrechte vereinbart werden!)

Geläufige Kennzahlen und ihre Zuordnung in Cluster

Abbildung 51 gibt einen Überblick über die geläufigsten Kennzahlen im Influencer Marketing. Neben einer kurzen Erläuterung ist die Darstellung ergänzt durch eine Einordnung in vier grobe Phasen der Customer Journey (Awareness, Loyalty, Reaction, Action) und in die drei identifizierten KPI-Cluster: Social (Media), Business und (inhaltliche) Qualität.

Kennzahl	Beschreibung	KPI Cluster
Likes Loves Favorites	Nutzer zeigen ihre Zustimmung oder ihr Interesse mit einem Klick auf den entsprechenden Button	Social
Comments Responses	Nutzer reagieren inhaltlich auf einen Post, in dem sie positive oder negative Antworten geben	Social Qualität
Hashtag-Analysen	Wie häufig wurde der Kampagnen- oder Marken-Hashtag genutzt?	Social Business
Time spent	Die Verweildauer der Nutzer auf einer Seite oder beim Ansehen eines Videos	Social Business
Bounce Rate	Der Anteil der Nutzer, die ein Video abbrechen oder die Website nach nur einer Seite wieder verlassen	Social Business

Abbildung 51 (1): Kennzahlen entlang der Customer Journey

LOYALTY PHASE

Kennzahl	Beschreibung	KPI Cluster
Shares Retweets Pins	Nutzer teilen Beiträge mit ihren Freunden und verbreiten sie so weiter	Social
Posts (Blog, Facebook, Instagram, ...)	Nutzer reagieren inhaltlich auf einen Post, in dem sie das Thema aufgreifen und eigenen Content dazu veröffentlichen	Business Qualität
Repeat visitors or engagers	Anzahl der Nutzer, die eine Seite wiederholt besuchen bzw. wiederholt mit den Inhalten interagieren	Business

REACTION PHASE

Kennzahl	Beschreibung	KPI Cluster
Clicks oder Click-Through-Rate	Anzahl der Nutzer, die einen Link klicken bzw. der prozentuale Anteil der Clicks pro Nutzer, die den Content sehen.	Social Business
Impressions / Views (Traffic)	Sichtkontakt oder Seitenabruf einer Website/eines Werbemittels mit einem Browser (‚Kontakt')	Social Business
Unique Visitors (Traffic)	Die tatsächlichen Besucherzahlen einer Website/eines Werbemittels	Social Business
Neue Follower	Zuwachs an Followern/Fans auf eigenen Kanälen oder den Kanälen des Influencers	Social Business

Abbildung 51 (2, 3): Kennzahlen entlang der Customer Journey

ACTION PHASE

Kennzahl	Beschreibung	KPI Cluster
Subscription	Der Nutzer meldet sich für einen Newsletter an, füllt ein Kontaktformular aus, nimmt an einem Gewinnspiel teil etc.	Business
Downloads	Der Nutzer lädt ein Dokument, Coupon oder ähnliches herunter.	Business
Purchase	Der Nutzer kauft ein Produkt/eine Dienstleistung.	Business
Cost per Conversion	Kosten pro abgeschlossener Conversion	Business

Abbildung 51 (4): Kennzahlen entlang der Customer Journey

6 Risiken, Kritik, Herausforderungen

In diesem Kapitel erfahren Sie:

- welche Risiken es im Influencer Marketing gibt,
- weshalb Influencer Marketing kritisiert wird,
- und vor welchen Herausforderungen die Branche aktuell steht.

‚Influencer' ist derzeit das beliebteste Buzzword in der Marketingwelt, aber auch das umstrittenste. Tatsächlich hat die Diskussion in Deutschland im Jahr 2017 stark angezogen, ausgelöst durch ein Interview des Manager Magazins mit Caro Daur, einem der größten Instagram-Stars in Deutschland mit 1,9 Millionen Followern (Juli 2019). Das 24-jährige Model arbeitet für namhafte Marken wie Dior oder Tommy Hilfiger und soll pro Jahr angeblich eine Million Euro umsetzen (vgl. Müller 2017). „Die Daur-Werbesendung" titelte das Interview, das 2017 in der Branche so heftig einschlug und kritisiert wurde, dass sich die Chefredaktion des Manager Magazins zu einer Stellungnahme genötigt sah (Lang 2017).

Aufgrund des negativen Untertons im Interview fielen Begriffe wie ‚Influencer-Bashing', und das Branchenmagazin W&V (Werben und Verkaufen) gründete in Folge eine Facebook-Gruppe mit dem Titel ‚Rettet das Influencer Marketing'. Der Aufruf zur Rettung oder Reparation fällt im Zusammenhang mit Influencer Marketing immer häufiger. Dabei ist Rettung wohl der falsche Begriff. Vielmehr ist das Problem, dass in der jungen, schnell wachsenden Disziplin kein klarer Rahmen festgelegt wurde. Es gibt weder Branchenstandards noch allgemeingültige Regeln oder gar eindeutige rechtliche Rahmenbedingungen.

Im Folgenden sind einige der offenen Baustellen skizziert:

Das Problem mit der Kennzeichnung

Die Kennzeichnung von Influencer-Beiträgen als Werbung (bzw. die Abwesenheit derselben) ist deshalb so umstritten, weil dem Follower fälschlich suggeriert wird, dass der Influencer sich mit einem Produkt aus eigenem Antrieb und voller Überzeugung beschäftigt – nicht, weil er dafür monetär entschädigt wurde oder kostenlose Produktproben erhalten hat. Besonders kritisch ist in dem Zusammenhang die minderjährige Zielgruppe, die leicht zu beeinflussen und in den sozialen Netzwerken häufig anzutreffen ist.

Rechtlich wird bei diesem Phänomen von **Schleichwerbung** gesprochen (nach dem Gesetz gegen unlauteren Wettbewerb; s. Kapitel 4.7). Der Paragraph regelt den sogenannten Trennungsgrundsatz: Journalistische und kommerzielle Inhalte müssen für den unbedarften Durchschnittsmenschen zu jeder Zeit klar voneinander zu unterscheiden sein.

Im Fall des Influencer Marketings muss der Follower also unterscheiden können, ob ihm eine persönliche Empfehlung des Influencers vorliegt oder ob es sich um einen bezahlten Werbepost handelt. Allerdings ist die Rechtsprechung im Social-Media-Bereich lange nicht so gefestigt wie im Bereich Fernsehen oder Printmedien. Bislang ist die Frage nicht geklärt: Was bin ich als Influencer eigentlich für ein Medium? Die große Herausforderung sind die vielen Grauzonen und Mischformen.

Ein Beispiel

Der Influencer macht einen Roadtrip durch Australien. Eine Marke bezahlt das Essen, die Hotels, stellt eventuell ein Auto und den Sprit. Für die Inhalte, die der Influencer erstellt, aufbereitet und verbreitet, bekommt er kein Geld. Die Kooperation ist also an sich bezahlt, der Influencer verdient aber nicht direkt Geld damit. In welcher Form lässt sich dieses Kooperationsmodell in einem einzigen Instagram-Post erklären? Ist das Ganze überhaupt rechtlich abbildbar?

Wir bewegen uns hier in einem „juristischen Minenfeld“, wie Mattgey es formuliert (Mattgey 2017). Im Kern geht es in der aktuellen Diskussion darum, welche Bezeichnung ein Influencer Post tragen muss, wenn er von einem Unternehmen gesponsort oder bezahlt wurde. Reicht ein #ad? Ein #sponsoredby? Oder muss es ein #Werbeanzeige sein? Und wie prominent muss die Kennzeichnung sichtbar sein? Bisher haben sich wenige Gerichte dazu geäußert (siehe Kapitel 4.7). Wird eine Übertretung gemeldet und ein Gericht gibt dem statt, drohen allerdings Abmahnungen, Schadensersatzklagen und Bußgelder.

> Hohe Wellen geschlagen hat zum **Beispiel** das Bußgeld wegen unerlaubter Werbung in Höhe von 10.500 Euro, das die Hamburger Medienanstalt im Juni 2017 gegen den YouTuber ‚Flying Uwe‘ (Uwe Schüder) verhängt hat. Der Influencer gehört mit mehr als einer Million Abonnenten zu den großen Stars und hatte wohl trotz mehrfacher Aufforderung einige Videos, in denen er Produkte ‚ausgiebig positiv‘ darstellte, nicht als ‚Dauerwerbesendung‘ gekennzeichnet. Ein erneuter Verstoß kann Bußgelder von bis zu einer halben Million Euro nach sich ziehen (vgl. Schwegler 2017).

Tatsächlich ist die Branche von einer Art Abmahnwelle erfasst. In den USA geht die Wettbewerbsbehörde FTC (Federal Trade Comission) flächendeckend gegen Schleichwerbung vor, in Deutschland ist es der Verband sozialer Wettbewerb, der ca. zwei Dutzend Instagram-Influencer auf der Liste hat – und dadurch inzwischen einige Gerichtsverhandlungen und Urteile erwirkt hat, zum Beispiel gegen die Drogeriekette Rossmann und Cathy Hummels, Ehefrau des Profifußballers Mats Hummels. Die einzelnen Urteile auf Landeseben haben allerdings eher zu mehr Verwirrung als mehr Klarheit geführt, da sie sich teilweise sogar direkt widersprechen. Die fehlende Transparenz und die Angst vor Abmahnungen und teuren Prozessen hat dazu geführt, dass die meisten Influencer nun einfach alle Inhalte kennzeichnen, die sie veröffentlichen, auch wenn im Einzelfall vielleicht keine Kooperation vorliegt (mehr dazu in Kapitel 5).

Die rechtliche oder sogar gesetzliche Transparenz zur korrekten Kennzeichnung, die sowohl Verbraucherschützer als auch Influencer gerne hätten, ist laut einer Studie der Influencer Plattform Takumi auf Unternehmensseite nicht ganz so willkommen: Etwa zwei von drei der befragten Influencer wurden bereits von Kooperationspartnern dazu aufgefordert, gegen die Kennzeichnungspflicht für bezahlte Posts zu verstoßen. Takumi sprach für die Studie mit insgesamt 2.250 Verbrauchern, 750 Marketern und 350 Influencern aus Großbritannien, Deutschland und den USA (Rondinella 2019b).

Gekaufte Reichweiten

Ein weiteres Problem in der Branche sind die unechten Like- und Followerzahlen. Es entstehen scheinbar erfolgreiche Profile, die wie eine Seifenblase platzen, sobald die Follower und Interaktionen genauer betrachtet werden – ohne brauchbare Reichweite oder einen tatsächlichen Einfluss auf die Community.

Solche manipulierten Zahlen schaden der Glaubwürdigkeit, die ja eigentlich das Alleinstellungsmerkmal des Influencer Marketings darstellt. Und tatsächlich ist es nicht übermäßig kompliziert, für den eigenen Instagram-Kanal Follower, Kommentare und Likes zu generieren:

- über automatisierte Apps und Bots;
- über sogenannte Comment Pods, in denen Nutzer sich gegenseitig liken und kommentieren (‚Like for Like‘);
- oder über einen fixen Preis, denn Reichweite kann bequem in bezahlbaren Bundles eingekauft werden.

In Moskau gibt es sogar einen Automaten der Firma Snatap im Einkaufszentrum Ochotny Rjad, an dem Instagrammer für nur 50 Rubel (ca. 74 Cent) einhundert Fake-Likes für ein Bild einkaufen können. Für das doppelte Budget bietet der Automat einhundert Follower an. Die ProSieben-Sendung Galileo hat die Maschine im Rahmen ihres Formats ‚Finde die Fake News‘ getestet. Der Erfinder des Automaten behauptet in dem Beitrag, dass die Likes nicht von Bots stammen, sondern von echten Menschen, die zu dem Zweck Fake-Profile angelegt hätten (vgl. Galileo Folge 178 Staffel 2017) – was letztlich qualitativ keinen Unterschied macht.

Wie weit man es mit so einem ‚Fake-Profil' und gekaufter Reichweite bringen kann, hat die Agentur Mediakix demonstriert. Sie setzte für ein Experiment zwei Instagram-Accounts für fiktive, frei erfundene Influencerinnen auf – ‚calibeachgirl 310', ein typisches kalifornisches Mädchen und ‚wanderinggirl', eine Naturliebhaberin und Landschaftsfotografin – befüllt mit gestellten Fotos oder lizenzfreiem Agenturmaterial.

Um nicht verdächtig zu werden, beschränkte sich die Agentur auf das Zukaufen von etwa eintausend Followern pro Tag (ca. acht US-Dollar) und erreichte so schnell Reichweiten von 30.000 und 50.000 Followern für die beiden Fake-Profile. Dazu kaufte Mediakix dann noch etwas Interaktion ein (zwölf US-Cent pro Kommentar und zwischen vier und neun US-Dollar für eintausend Likes). Mit den derartig aufgebauschten Profilen ging die Agentur auf Kooperationssuche. Das Ergebnis: Je zwei bezahlte Deals pro Account, die entweder mit Geld oder Produkten oder beidem entlohnt wurden (vgl. Rentz 2017).

Ein Grund, dem Influencer Marketing den Rücken zu kehren, ist das allerdings nicht. Werbetreibende Unternehmen müssen lediglich darauf achten, die richtigen Kennzahlen anzusetzen und bei der Auswahl des Influencers auch seine Follower genauer unter die Lupe zu nehmen. Wer das für zu viel Aufwand hält, kann trotzdem mit Influencern arbeiten – muss allerdings in Kauf nehmen, dass dann die Streuverluste ähnlich hoch sind wie bei einer klassischen „Anzeige in einem Gratis-Lifestylemagazin aus der Print-Zeit." (Knüwer 2017)

Nachahmer überschwemmen den Markt

„Zu viele ‚Berufsinfluencer' machen auf ihren Kanälen genau das gleiche wie alle anderen." (Lammenett 2019, S. 227). Erwin Lammenett bringt mit diesem Satz ein oft unterschätztes Problem auf den Punkt: Es gibt einen beinahe inflationären Anstieg an austauschbaren Profilen und Beiträgen, die sich auf den ersten Blick kaum unterscheiden. Dass der Markt gerade tatsächlich von einer unglaublichen Zahl an (scheinbaren) Influencern regelrecht überschwemmt wird, hat neben den einfach eingekauften Reichweiten drei Ursachen:

[1] **Der Traum:** Wer möchte nicht gerne mit seinem Lieblingshobby spielerisch Geld verdienen? Ganz egal, ob Lego-Tester, Make-up-Artist oder Katzenexperte.

[2] **Der Irrtum:** Influencer Marketing klingt in vielen Ohren ganz leicht. Ein paar Fotos machen, in der Mittagspause posten und reich und berühmt werden. Dass aber harte, zeitintensive Arbeit hinter wertigen Posts und Videos und einem gepflegten Kanal steckt, ist vielen nicht bewusst.

[3] **Der Hype:** Influencer sind die neuen Rockstars. Sie sind berühmte und beliebte Vorbilder, und Menschen ahmen nun mal gerne ihre Idole nach. Und es ist der neue Traumberuf – nicht nur für Teenager.

Das führt sogar so weit, dass Instagrammer Beiträge so inszenieren, als wären diese in Kooperation mit einer Marke entstanden – dabei hatten sie niemals Kontakt (vgl. Eisenbrand 2019). „Fake it til you make it“ scheint das Motto zu sein: Geschäftliche Beziehungen vorgaukeln, um dann tatsächlich Aufträge abschließen zu können. Diese neue Form der Fake-Influencer schaden natürlich sowohl dem Image der Branche an sich als auch eventuell dem Image einer Marke, die in mittelmäßigem Content beworben wird. Für die ersten Unternehmen (vor allem in den USA) geht deshalb der Schritt zurück zu den traditionellen Referenzen: Lieber vorher ein, zwei bisherige Werbepartner anrufen, um zu bestätigen, dass wirklich eine geschäftliche Beziehung bestand.

Gleichzeitig ruft das natürlich Akteure auf den Plan, die mit der Unbedarftheit dieser „Berufseinsteiger“ Geld machen: Online-Shops werben in Story-Ads mit Affiliate-Programmen für „Mikro Influencer ohne große Reichweite oder Erfahrung“ – sprich: Instagrammer, die gerne Influencer wären, es aber (noch) nicht sind. Diese „Mikro Influencer“ können ihre Kontaktdaten hinterlassen und erhalten (meist ohne weitere Prüfung) ihren Rabattcode, mit dem sie die zu bewerbenden Produkte erst einmal selbst kaufen müssen. Die wenigsten schaffen es, diese Investition über ihre Affiliate Links wieder zu erwirtschaften – weil ihre Reichweiten und Erfahrung viel zu gering sind (vgl. Schaftner 2019).

Diese Situation erschwert die sinnvolle Zusammenarbeit mit Unternehmen auf beiden Seiten: Influencer kommen schwerer an Aufträge; für Unternehmen verkompliziert sich die Suche nach dem passenden Influencer. Neben der erschwerten Auftragslage färben mittelmäßige Influencer auch auf die gesamte Branche ab und bestärken so die bereits angesprochene negative Konnotation des Influencer-Begriffes in den Medien.

Frequenz und Kontinuität sind hier ebenfalls wichtige Stichworte, denn wie authentisch und glaubwürdig kann eine Empfehlung sein, wenn der Influencer am einen Tag für eine bestimmte Marke schwärmt und am nächsten Tag schon für die Konkurrenz?

Glaubwürdigkeit und Wirksamkeit

Nicht nur die Überschwemmung des Marktes mit mittelmäßigen Influencern stellt eine Gefahr für die Qualitätsstandards der Branche dar. Die Glaubwürdigkeit leidet auch durch häufige Markenwechsel bei Kooperationen, fehlende Transparenz oder schlechte (lieblose, unkreative) Inhalte.

Grundsätzlich stellt sich beim Influencer Marketing die Frage: Wie authentisch ist eine Empfehlung der Social Media-Stars wirklich? Wie glaubwürdig ist die Geschichte, die sie erzählen? Authentizität und Storytelling sind Begriffe, die in diesem Zusammenhang inzwischen inflationär benutzt werden – allerdings aus gutem Grund: Wirksames Influencer Marketing ist nur mit Kreativität und einer stimmigen Story möglich. Plumpe Produktplatzierungen werden im besten Fall schlichtweg ignoriert, können aber auch negativ auffallen. Nicht immer lässt sich voraussagen, ob eine Kampagne den Nerv der Community trifft.

In Kapitel 3.2 wurde bereits auf die #coralliebtdeinekleidung--Kampagne hingewiesen. Auch andere Kampagnen sind für die offensichtlich gestellten und teilweise weit hergeholten Produktplatzierungen der beteiligten Influencer kritisiert oder belächelt worden – sowohl von den Medien als auch von Nutzern aus der eigenen Community. Ein weiteres bekanntes Beispiel ist die #milkaschmecktwie-Kampagne des Schokoladenherstellers Milka.

Abbildung 52: Parodie der #milkaschmecktwie-Kampagne von @thilo.backt (Schmidt 2018)

Nicht selten stellen User so eine Kampagne mit überspitzten eigenen Posts nach. Die Marke bekommt durch solche Posts, die den Kampagnenhashtag verbreiten, und durch die Medienberichterstattung natürlich eine hohe Aufmerksamkeit – allerdings mit einer teils ärgerlichen oder spöttischen Tonalität. Abbildung 52 zeigt eine Parodie der Milka-Kampagne: Die Schokoladentafel ist offensichtlich nachträglich ins Bild gearbeitet worden, der Text ahmt klassische Floskeln nach, die bei Produktplatzierungen auf Instagram häufig zu beobachten sind. Die verwendeten Hashtags weisen eindeutig auf die Parodie hin (z.B. #allesganznatürlich).

Bekannte Online-Medien titelten zum Beispiel „Mit der Milka auf dem Klo: Nutzer veralbern fragwürdige Instagram-Kampagne der

Schokoladen-Marke“ (Gondorf 2018) oder „Peinliche Milka-Kampagne: So albern kann Werbung für Schokolade sein“ (NEON-Redaktion 2018).

Ob die Marken auf diesen viralen Effekt spekuliert haben – und dafür die negativen Schlagzeilen in Kauf nehmen – oder ob es eine unliebsame Überraschung war, wurde von Milka und Coral nicht kommentiert. Die Lebensmittelmarke Bifi hat allerdings versucht, den Spieß selbst umzudrehen und gemeinsam mit der Instagrammerin „donnaxadrienne“ sinnfreie Selfies veröffentlicht. Die Studentin räkelt sich zum Beispiel mit der Bifi in der Badewanne. Die Ironie hinter dem Post ist bei den meisten Menschen gar nicht angekommen – sie haben den völlig sinnfreien Inhalt als real hingenommen. Ein Indiz dafür, wie wenig Qualität viele aktuell von Influencer Content erwarten.

Herausforderung gesellschaftliche Wahrnehmung

Tatsächlich ist das Influencer Marketing in der Berichterstattung der Massenmedien hauptsächlich mit Negativschlagzeilen zu finden. Ein paar Beispiele:

- Berliner Morgenpost: „Instagram-Paar will Geld für Reise – heftige Kritik im Netz“ (Berliner Morgenpost 2019)
- Stern (NEON): „Lasst euch nicht verarschen: Diese fiesen Tricks benutzen Influencer“ (Holz 2018)
- Frankfurter Allgemeine Zeitung: „Von wegen Traumberuf: Macht das Influencer-Dasein krank?“ (Schumacher 2019)

Selbstverständlich steckt hinter einigen Schlagzeilen tatsächlich ein echtes Negativbeispiel. Trotzdem sollte die Berichterstattung aus drei Gründen mit Vorsicht genossen werden:

[1] Ausnahmen bestätigen die Regel: Wie überall gibt es auch bei den Influencer „schwarze Schafe“, die aber keineswegs einen repräsentativen Querschnitt darstellen. Über erfolgreiche, unauffällige Influencer wird nur selten berichtet.

[2] Bei den meisten Berichterstattern herrscht ein gewisses Unverständnis für das Geschäftsmodell und demnach eventuell

die ein oder andere Wissenslücke (siehe auch Exkurs Influencer & Politik)

[3] Mit der wachsenden Bedeutung des Influencer Marketings geht auch ein Umverteilen der Mediabudgets einher. Kurz gesagt: Influencer nehmen den klassischen Medien das Mediabudget weg, weshalb sie der neuen Branche vermutlich wenig wohlwollend gegenüberstehen (vgl. Herrmann 2018).

Alles in allem führt diese Situation dazu, dass der Begriff „Influencer" in manchen Zusammenhängen eine negative Konnotation erhält, was eine Herausforderung für alle Beteiligten darstellt, der in erster Linie mit Transparenz und Aufklärung begegnet werden kann.

Exkurs: Influencer & Politik?

Was passiert, wenn man nicht auf Influencer vorbereitet ist

Kurz vor der Europawahl 2019 veröffentlichte der YouTuber Rezo ein 55-minütiges Video mit dem Titel „Die Zerstörung der CDU". Er kritisiert darin die aktuellen Regierungsparteien Deutschlands – allen voran die Unionspartei – und deren Umgang mit Themen wie Bildung, Urheberrecht und der sozialen Ungleichheit. Das Video hat inzwischen mehr als 16 Millionen Klicks und wurde sowohl in Deutschland als auch international intensiv diskutiert.

Das sagt der Experte

Dirk Benninghof ist Chefredakteur bei der Content Marketing und PR-Agentur fischerAppelt. Bevor er zu der Agentur wechselte, war er als Chef vom Dienst für „Bild.de" aus Berlin und Los Angeles tätig, wo er die Nachtredaktion der Boulevardplattform mit aufgebaut hatte. Zuvor war er News-Chef des Magazins „Stern" und „stern.de".

Herr Benninghoff, wie würden Sie Rezos Beitrag „Zerstörung der CDU" einordnen?

Eine überaus emotionale Meinungsbekundung, die zwar einige Fakten einstreut, aber nicht mit Journalismus zu verwechseln ist. In tradierten Medien würde man es wohl als „Debattenbeitrag“ bezeichnen. Da auch der etablierte Betrieb zunehmend Klicks durch mit Verve vorgetragene steile Thesen generiert, sollte er sich über Rezo nicht mokieren. Meinung ist derzeit King. Der FOCUS feiert die Verpflichtung von Jan Fleischhauer nicht deshalb auf der Titelseite, weil der so klasse recherchiert, sondern weil er starke Meinungen hat und die pointiert zum Ausdruck bringt. Vielleicht etwas pointierter als Rezo. Da hat Wut schon auch eine Rolle gespielt.

Wie schätzen Sie die Reaktion von Medien und Politikern ein?

Tonalität und Erscheinung sind Hauptgründe für die Ratlosigkeit. Politik ist es gewohnt, sich mit wohlfeil formulierten Kommentaren und mittelklugen bis klugen Fragen mittelalter bis alter Medien-Männer auseinanderzusetzen. Aber nicht auf ein verbales Pamphlet eines blauhaarigen 26-Jährigen.

Da treffen zwei Kulturen aufeinander. Auf so einen Angriff war die Politik ja überhaupt nicht vorbereitet. Man merkt, dass es bei der CDU keine Strategie für YouTube als Kommunikationskanal gibt, weil man die Mechanismen von YouTube gar nicht begriffen bzw. die Bedeutung dieses Kanals für Reichweiten unterschätzt hat. Und dann pöbelt da ein Rezo los und alle sehen: Wow, der erreicht ja Millionen junger Leute. Und der Journalist denkt sich: hätte ich auch gerne und wird neidisch. Weil nicht der wohlfeile Kommentar die Republik aufwühlt bzw. deren junge Vertreter, sondern das blaugefärbte, wütende Pamphlet.

Was halten Sie von den Forderungen nach Regulierung von Meinungsäußerungen im Internet vor Wahlen?

Skandalös. Wird dann auch ein Video-Kommentar von BILD oder SPIEGEL zensiert?

Was müsste sich ändern, damit das Phänomen Influencer in der Politik und in den traditionellen Medien ankommt und auf solche Beiträge „richtig“ reagiert wird?

Die Politik braucht eigene Influencer, die bei jungen Wählern und solchen, die es bald werden sollen, mit ihrer Tonalität und ihrem Äußeren ankommen. Parteien – abgesehen von den Grünen – gelten da ja offenbar als extrem uncool. Es geht darum, das Coole in die Politik zu tragen. Und dazu taugt ein Philipp Amthor nicht unbedingt. Während sich Marken um verschiedene Zielgruppen Gedanken machen und diese auf verschiedene Arten ansprechen, sehe ich diese Differenzierung bei den Parteien nicht unbedingt.

Die Wochenzeitung „Die Zeit“ hat Rezo nun dazu eingeladen, in der Online-Ausgabe alle zwei Wochen in seiner eigenen Kolumne mit gesellschaftlichen Themen auseinander zu setzen: „Rezo stört“ (www.zeit.de/serie/rezo-stoert). In der ersten Ausgabe am 24. Oktober 2019 widmete sich der YouTuber auf seine gewohnte Art den umstrittenen Aussagen Horst Seehofers zur Gamerszene nach dem Terroranschlag von Halle (Rezo 2019). Die Kommentare unter dem Beitrag schwanken zwischen extrem positiv und vollkommen negativ – die ein oder andere reflektierte Auseinandersetzung und Diskussion ist auch dabei. Ob die Zeit-Online sich mit der Wahl ihres neuen Kolumnisten einen Gefallen getan hat, wird sich zeigen. Die Kooperation stellt auf jeden Fall eine Chance zum Austausch und zur Annäherung zweier Welten dar. Die Frage ist, wie diese von der Leserschaft angenommen wird.

Influencer Marketing ist abhängig von den Plattformen

Ein großes Risiko, das allerdings die Branche nicht direkt beeinflussen kann, ist die Abhängigkeit von den Plattformen, Suchmaschinen und deren Algorithmen, denen Influencer nun mal unterworfen sind. Hier gilt es vor allem, mit den aktuellen Entwicklungen Schritt zu halten. Die Plattformen sind aber in mehr als einer Hinsicht relevant für die Zukunft des Influencer Marketings:

- **Die Struktur von Social Media**: Soziale Medien funktionieren grundsätzlich so, dass der Nutzer anderen Nutzern folgt oder Inhalte bewertet bzw. teilt. In der Regel folgt ein Nutzer jemandem nicht, um aktiv beeinflusst zu werden, sondern weil er eine ähnliche Meinung teilt oder sich mit etwas Anderem identifizieren kann. Und dieses Grundprinzip der sozialen Medien, auf dem das ganze Influencer-Phänomen aufbaut, wird weiterhin Bestand haben. Es wird immer wieder neue Plattformen geben und es werden auch welche an Relevanz verlieren oder ganz verschwinden.

2018 gewann zum **Beispiel Pinterest-Marketing** an Bedeutung. Die Ideenplattform trifft den Nutzer an einem sehr speziellen Punkt der Customer Journey – in der Inspirationsphase. Mit neuen Features, wie z.B. dem Conversion Tag (Tracking-Instrument) oder automatisch abspielenden Videos im Feed will sich Pinterest jetzt für Werbekunden attraktiver machen.

2019 ist die **Video-Plattform TikTok** (siehe Kapitel 5.3) auf dem Vormarsch. Jederzeit entstehen neue Apps und Netzwerke, die versuchen, Instagram und Co. den Rang abzulaufen oder zumindest mitzumischen. Aktuell zum Beispiel:

- Lasso: mit Kurzvideos ein direkter Konkurrent zu TikTok, der allerdings zur Facebook-Familie gehört und dort in die Story-Formate integriert werden könnte.
- Houseparty (früher Meerkat): eine Video-Messaging-App für Gruppen bis zu acht Personen (ähnelt Snapchat)
- Caffeine: die Livestream-Plattform macht den gängigen Broadcast-Formaten von Facebook und Instagram oder Periscope sowie Twitch Konkurrenz.

- **Die Unvorhersehbarkeit der Entwicklung**: Keiner weiß, welches das nächste große Netzwerk sein wird. Bis in die jüngste Vergangenheit war Facebook die klare Nummer 1, im Moment kommunizieren Jugendliche hauptsächlich über Snapchat und suchen auf YouTube nach Informationen. Instagram weist derzeit die höchsten Wachstumsraten auf. LinkedIn hatte als berufliches Netzwerk schon an Bedeutung verloren, aber hat sich durch den Zukauf von Slideshare, dem Entwickeln von Pulse und einem eigenen Influencer Programm wieder zu einer der führenden Plattformen entwickelt. Niemand kann vorhersagen, ob ein Kanal irgendwann obsolet wird, wie sich die Nutzerstruktur verändert, oder welche neuen Plattformen sich vielleicht noch entwickeln werden. Dasselbe gilt für die Struktur, die Algorithmen, die Prinzipien der Plattformen an sich. Influencer sind von diesen Plattformen abhängig und davon, dass sie ihnen Reichweite, Gewinnbeteiligung, kostenlosen Zugriff etc. gewähren.

- **Trendsetting**: Es wird immer kreative Menschen geben, die neue Instrumente und Formate als erste testen, als erste bespielen, als erste auch beherrschen und damit anderen ein Vorbild sind bzw. als Trendsetter von der Mehrheit der Leute beobachtet und imitiert werden. Diese Innovatoren und Early Adopter, wie sie in Kapitel 2.3 differenziert wurden, sind in der Regel nachher auch diejenigen Meinungsführer, die andere Menschen mitziehen und Neuerungen für die breite Masse verständlich, greifbar und anwendbar machen.

In diesem Sinne müssen Unternehmen wachsam bleiben – denn eine höhere Professionalität, die z.B. durch Verträge gekennzeichnet ist, kann auch dazu führen, dass sich Prozesse verlangsamen oder aktuelle Trends nicht mit abgebildet werden, was für eine Disziplin wie das Influencer Marketing, die von Aktualität und Spontanität lebt, zum Verhängnis werden könnte.

Trend 2019: Versteckte Like-Zahlen

Im Juli gab Instagram bekannt, dass bereits in sechs Ländern ein Testlauf stattfindet (siehe Abbildung 53), bei dem unter einem Post nicht mehr die Zahl der Likes oder Videoaufrufe angezeigt wird, sondern nur noch eine Liste der gemeinsamen Kontakte und den Hinweis „and others“. Nur wer den Beitrag selbst erstellt hat, kann die Zahlen dann noch sehen. Im August meldeten auch vereinzelt deutsche Nutzer, dass ihr Profil nun die andere Darstellung zeige, obwohl der Test in Europa offiziell nur Italien und Irland betreffen soll (vgl. Hergert 2019).

Im September 2019 startet auch Facebook erste Test zu versteckten Like-Zahlen nach derselben Logik – im ersten Schritt nur in Australien (Constine 2019).

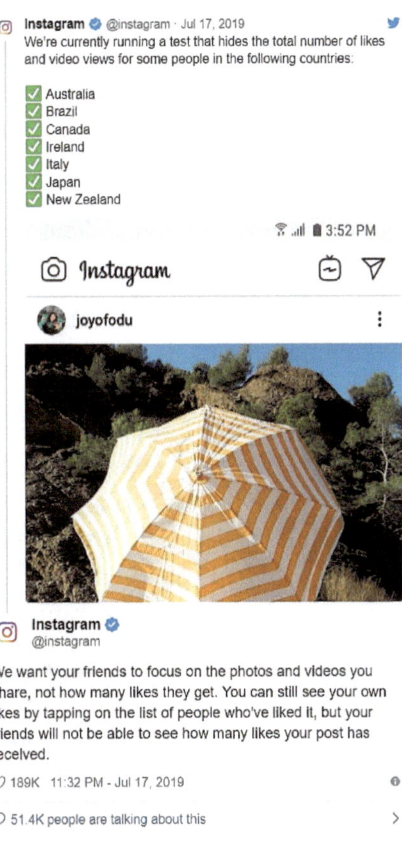

Abbildung 53: Instagrams Ankündigung zu den versteckten Like-Zahlen. Quelle: Hergert 2019

Die Botschaft dahinter ist einfach: Konzentriert euch auf die Inhalte, die ihr teilt, nicht darauf, wie viele Likes ihr bekommt. Im nächsten Schritt werden vielleicht sogar die Followerzahlen verborgen. Die Netzwerke reagieren damit vermutlich auf verschiedene Studien, die in der Gesellschaft wiederholt Diskussionen auslösen: Macht die Jagd nach Likes in den sozialen Netzwerken mental krank? Nutzer sollen sich also weniger mit anderen vergleichen. Gleichzeitig wollen Facebook und Instagram verhindern, dass Posts mit „zu wenig Likes" systematisch wieder gelöscht werden.

Was bei vielen Nutzern Panik auslöst, wird von Experten eher begrüßt: „Dies würde die Art und Weise wie viele Unternehmen und ein Großteil der InfluencerInnen Instagram nutzen, deutlich ändern und den Fokus hoffentlich wieder auf das Wesentliche lenken. Content und Community!" (Firsching 2019)

(Fehlende) Strategie und Auswertung

Generell kann also im Influencer Marketing vieles optimiert werden, wofür jedoch nicht die Influencer allein die Verantwortung tragen. Auch von der Professionalität, Qualität und Erfahrung der Agenturen, Plattformen und Marken hängt es ab, wie hochwertig eine Kampagne ausfällt, denn schlussendlich setzt der Influencer das um, was sich das Unternehmen wünscht.

Die Herausforderung besteht darin, dass Deutschland sich in einer frühen Phase der Entwicklung befindet. Viele Unternehmen betreiben Influencer Marketing immer noch, weil es „modern" ist und sie sich ausprobieren wollen, gehen aber häufig ohne Vorwissen, ohne Strategie und ohne Zielsetzung in das Thema hinein. Isolierte Ad-Hoc-Aktionen sind selten zielführend – dennoch wird häufig ohne klar formuliertes Konzept oder gar eine Strategie viel Geld ausgegeben, um dann hinterher festzustellen, dass kaum Ergebnisse dabei herausspringen.

Daraus resultiert auch das Missverhältnis zwischen Kosten und Nutzen in vielen Kooperationen: Influencer, die keine Erfahrung als Dienstleister haben, verlangen utopische Summen – und Unternehmen zahlen. Die Frage dabei ist stets: Kann sich das rentieren? Und in den meisten Fällen lautet die Antwort: Nein!

Wenn eine Industrie eine neue Marketingform ausprobiert und kennenlernt, wird zu Beginn durchaus Lehrgeld gezahlt. Unternehmen geben Geld aus, ohne stark zu hinterfragen, nach welchen Kriterien die Kooperationen gewählt werden oder welche Strategie verfolgt wird. Erfahrungswerte und Benchmarks gibt es ja bisher keine bzw. müssen erst gesammelt werden. Diese Phase muss allerdings zeitnah enden, wenn sich der deutsche Markt professionalisieren will.

Influencer-Kooperationen sind – wie auch andere digitale Marketingmaßnahmen – nicht immer leicht auszuwerten: Wie können wir eindeutig nachvollziehen, welche Käufe die Posts eines Influencers ausgelöst haben? Dennoch muss auch schwer messbares Marketing stets dem Unternehmenszweck dienen und als

Werkzeug verstanden werden, das begründet eingesetzt wird. Ob die Begründung lautet: Das ist ‚trendy' und passt zu unserer Marke, deswegen probieren wir es aus, oder ob die Begründung eine konkretere Lead-Definition darstellt, hängt von der Situation ab. So oder so müssen auf Unternehmensseite KPIs sorgfältig definiert und analysiert werden (siehe Kapitel 5.6) – und auch die Plattformen spüren den Druck, die Messbarkeit von Influencer Kooperationen zu erhöhen. Vor allem aus Unternehmenssicht wird immer häufiger die Frage gestellt werden: Rentiert sich das überhaupt? Was bringt die Investition?

Der Schritt von der Experimentierphase zu einer Phase der Erfahrungswerte und Standards gelingt dem deutschen Markt erst, wenn:

- vertragliche Standards, wie in Kapitel 5.5 beschrieben, flächendeckend eingesetzt werden
- die Handhabung der Kennzeichnung von gesponserten Beiträgen transparent geregelt ist und konsequent angewendet wird (siehe Kapitel 6 und 7)
- und die Unternehmen ihren Aktivitäten eine langfristige, integrierte Strategie zu Grunde legen (siehe Kapitel 4).

Besondere Bedeutung für die Strategie hat dabei nach wie vor der Marken-Fit, der bei der Auswahl der Kooperationspartner (noch) stärker in den Vordergrund rücken muss: Die Passgenauigkeit von Unternehmen und Influencer in ihren Werten. Tatsächlich hängt dieses wichtige Kriterium eng mit dem Aspekt Authentizität zusammen, das in zwei Dimensionen auftritt: Wie glaubwürdig ist der Influencer für sich allein? Und wie glaubwürdig interagiert er mit der Marke?

Beispiel
Wenn eine Fitness-Bloggerin plötzlich Werbung für eine Schokoladenmarke macht, ist das ein Bruch in der Glaubwürdigkeit. Genauso, wenn ein passionierter Radfahrer und Umweltschützer mit einem neuen SUV posiert.

Influencer Marketing zu betreiben, weil es alle tun, ist ein teurer Fehler, der im besten Fall „nur" Geld verbrennt und im schlimmsten Fall der Marke nachhaltig schadet. Eine durchdachte Strategie, die auf die Unternehmensziele einzahlt, ein stimmiges Konzept und ein handfestes Briefing sind deshalb der Grundstein für erfolgreiches Influencer Marketing. Wenn darüber hinaus die Betreuung der Kampagne und des Influencers sowie das Evaluieren der Ergebnisse sauber aufgesetzt ist, wird Influencer Marketing nach wie vor einen Mehrwert für ein Unternehmen stiften (siehe Kapitel 5).

7 Exkurs: Rechtlicher Rahmen

In diesem Kapitel erfahren Sie:

- welche gesetzliche und gerichtliche Grundlage es für das Influencer Marketing bisher gibt,
- ab wann die Inhalte von Influencern Werbung sind,
- und welche Tipps ein Rechtsanwalt für die aktuelle Situation gibt.

Wie schon an anderer Stelle ausgeführt, ist die sichtbare Kennzeichnung von bezahlten Influencer Posts als Werbung eine Herausforderung, der sich die Branche aktuell stellen muss. Das Grundproblem ist leicht skizziert: Dass der 30-sekündige Pampers-Spot in der Werbepause einer Quizsendung im linearen Fernsehen Werbung ist, kann jeder Verbraucher erkennen. Ob aber das neue Video, in dem die „Blogger-Mom“ ihre Lieblings-Windel preist, eine neutrale Empfehlung ist, oder ob auch hier eine (versteckte) bezahlte Marketingaktion des Herstellers dahintersteht, ist für den Nutzer auf den ersten Blick nicht erkennbar.

Rechtliche Anknüpfungspunkte für eine gesetzliche Grundlage der Influencer Marketing-Thematik bestehen im Telemediengesetz, im Rundfunkstaatsvertrag und im UWG, dem Gesetz gegen unlauteren Wettbewerb:

> „**Unlauter** handelt, wer eine irreführende geschäftliche Handlung vornimmt, die geeignet ist, den Verbraucher oder sonstigen Marktteilnehmer zu einer geschäftlichen Entscheidung zu veranlassen, die er andernfalls nicht getroffen hätte.“ (§ 5 UWG)

Unter diese Definition fällt auch der sogenannte Trennungsgrundsatz zwischen werblichen und redaktionellen Inhalten (siehe Kapitel 7). Die Kennzeichnungsproblematik, speziell im Influencer Marketing, lässt sich außerdem unter den § 5a UWG einordnen: Schleichwerbung ist eine „Irreführung durch Unterlassen“, da dem Follower eine wesentliche Information (die bezahlte Kooperation mit dem Unternehmen) vorenthalten wird. „Vorenthalten“ kann in diesem Fall bedeuten:

- Eine relevante Information wird verheimlicht.
- Die Situation ist unklar und lässt Raum zur Interpretation.
- Eine Information wird nicht rechtzeitig mitgeteilt.

Hinweise auf den Trennungsgrundsatz mit unterschiedlichen Schwerpunkten finden sich außerdem im Rundfunkstaatsvertrag (§§ 7, 58) und im Telemediengesetz (§ 6 Abs. 1 Nr. 1), sowie im (nicht gesetzlichen) Pressekodex (Ziffer 7). Diese Fragmentierung beschreibt auch das Grundproblem: Die rechtliche Lage im Influencer Marketing beruht aktuell auf der Rechtsprechung einzelner Gerichte.

Vom Rundfunkstaatsvertrag zum Medienstaatsvertrag

Mit dem Internet sind zahlreiche Teilnehmer in den Medienmarkt eingetreten, die bisher im Rundfunkstaatsvertrag nicht berücksichtigt sind. Nach jahrelanger Vorarbeit will die Rundfunkkommission nun bald den Text für einen neuen Medienstaatsvertrag festlegen, der auch Onlineanbieter wie YouTube oder Google betrifft – als sogenannte „Medienintermediäre“. Kaum beantwortbare Fragen wie „(ab wann) braucht ein YouTuber eine Rundfunklizenz?“ sollen damit unnötig werden, da eigene Regelungen für die neuen Medienformate formuliert werden. In Kraft treten wird die Reform frühestens im September 2020 (vgl. Kleinz 2019).

Gerade die (scheinbar) glaubhafte Empfehlung macht das Influencer Marketing so besonders. Unternehmen und Influencer versuchen deshalb in der Regel, der Kennzeichnungspflicht nur soweit nachzukommen, wie unbedingt notwendig. Lange Zeit wurde zum Beispiel damit argumentiert, dass das Ausstatten eines Bloggers mit Produkten als Sponsoring klassifiziert werden kann und deshalb Begriffe zur Kennzeichnung wie #sponsoredby ausreichen würden.

Gerichtliche Urteile zum Influencer Marketing

Das Kammergericht Berlin entschied sich im Herbst 2017 jedenfalls dagegen (Az. 5 W 221/17) und folgt damit einem Urteil des Bundesgerichtshofes (BGH) von 2014. Der Richter urteilte, dass #sponsoredby in der deutschen Gesellschaft nicht hinreichend geläufig sei und deshalb nicht für die Kenntlichmachung der Produktplatzierung ausreiche. „Werbeanzeige" sei die bessere und notwendige Alternative. Nicht alle können das Urteil nachvollziehen, denn in der Branche und in der Social Media-Welt sind Anglizismen und englische Markennamen wie ‚Snapchat' durchaus gängig (vgl. Baier 2017).

Das Landesgericht Hagen entschied, dass auch die @-Verlinkung des Unternehmensprofils oder ein Hashtag mit dem Namen des Unternehmens nicht ausreicht, um das Posting als Werbung zu kennzeichnen (Az. 23 O 30/17).

Bis Anfang 2019 war das in Kapitel 3.5 angesprochene Urteil des Oberlandesgerichtes Celle von größter Bedeutung. Das Urteil (Az. 13 U 53) vom 8. Juni 2017 stellt klar, dass eine Kennzeichnung von Werbung mit dem Hashtag #ad, versteckt zwischen anderen Hashtags (in diesem Fall an zweiter Stelle von insgesamt sechs), auf Instagram nicht ausreichend ist. Werbliche Posts müssen auf den ersten Blick erkennbar sein. Das Urteil bezieht sich auf eine Kooperation der Drogeriekette Rossmann mit einem „20-Jährigen Instagram-Star mit 1,3 Millionen Followern." (Rest 2017b)

Ein erneuter Verstoß könnte Rossman ein Ordnungsgeld von bis zu 250.000 Euro kosten. Die Drogeriekette hat zwar ihre Richtlinien angepasst – von nun an soll bei werblichen Posts in der Überschrift klar der Hashtag #Werbung zu sehen sein – sieht sich aber nicht in der Rolle des ‚Schleichwerbers'. Im Gegenteil, sie hätten sich an den damals aktuellen Richtlinien der Landesmedienanstalten orientiert, die erstmals 2015 herausgegeben wurden:

„Wir meinen, dass du z.B. mit folgenden Kennzeichnungen auf der sicheren Seite bist: Werbung, Anzeige, aber auch #ad, sponsored by, powered by." (Campillo-Lundbeck 2017). Die Landesmedienanstalten haben ihren Flyer inzwischen aktualisiert:

„Du kannst auf verschiedene Arten kennzeichnen. Mit den Kennzeichnungen Werbung oder Anzeige bist Du auf der sicheren Seite – so viel ist sicher. [...] Kennzeichnungen wie #ad, #sponsored by, #powered by können wir euch derzeit nicht empfehlen", (medienanstalten 2017, S. 5) so steht es im erneuerten Leitfaden, in dem die Landesmedienanstalten fünf Szenarien unterscheiden:

[1] Der Influencer kauft das Produkt selbst.

[2] Der Influencer bekommt das Produkt kostenlos zugeschickt oder zur Verfügung gestellt (mit der Unterscheidung, wie prominent das Produkt am Ende im Post bzw. veröffentlichten Content platziert ist).

[3] Der Influencer wird explizit dafür bezahlt, das Produkt zu platzieren, mit der Unterscheidung in beiläufig (Produktplatzierung) und offensichtlich (Werbung).

[4] Der Influencer setzt Affiliate Links (also Umsatzbeteiligung beim Kauf).

[5] Der Influencer bekommt einen Teil seiner ‚Ausstattung' (z.B. ein Schnittprogramm) kostenlos zur Verfügung gestellt.

Inzwischen passen die Medienanstalten ihre Hinweise und Tipps regelmäßig an die aktuelle Lage in der Branche an. Die aktuellste Version finden Sie in den Lektüre-Tipps in Kapitel 8.

2019 wurden nun einige neue Gerichtsurteile beschlossen, die aus der Abmahnwelle des VSW entstanden sind – Klarheit ist dadurch aber nicht wirklich entstanden. Im Gegenteil: Die Urteile widersprechen sich und die Einordnung bleibt immer eine Einzelfallbetrachtung.

Januar 2019: Vreni Frost, KG Berlin Az. 5 U 83/18

Die Bloggerin Vreni Frost war eine der ersten, die ihre Abmahnungen vom Verband Sozialer Wettbewerb öffentlich machte. Dieser hatte drei ihrer Instagram Posts als Schleichwerbung abgemahnt. Die Unterlassungserklärung unterzeichnete sie nicht, gegen die darauffolgende Einstwillige Verfügung legte sie Berufung ein, die vor dem Landgericht erst einmal scheiterte. Die erneute Berufung und das Urteil des Kammergerichts brachte ihr im Januar 2019 einen Teilerfolg: für einen der drei Instagram-Posts wurde die Einstweilige Verfügung aufgehoben.

Zunächst einmal ist das Urteil eine gute Nachricht: Das Gericht bestätigt der Branche, dass nicht alle Beiträge eines Influencer, die auf Internetauftritte von Marken verlinken, generell als kennzeichnungspflichtige Werbung klassifiziert werden sollten, sondern das jeweils der Inhalt und der Einzelfall zu prüfen sei (vgl. App 2019). Dennoch bedauert Vreni Frost inzwischen ihren Teilerfolg:

> „Leider habe ich in diesem Fall gewonnen. Dadurch kommt es jetzt nicht zu einem BGH-Urteil. So gilt mein Urteil nur für Berlin. Man kann mich in München, Hamburg oder Frankfurt wieder anklagen. Für mich hat das gar nichts geändert, ich kennzeichne nach wie vor alles, wo ich Marken verlinke, als Werbung. Ich kann mir so einen Gerichtsstreit nicht noch mal leisten." (Rondinella 2019a) Mehr als 10.000 Euro habe sie das Verfahren gekostet, die sie teilweise durch Crowdfunding finanziert hat.

März 2019: Pamela Reif, LG Karlsruhe Az. 13 O 38/18 KfH

Pamela Reif ist eine der ganz großen Influencerinnen in Deutschland, ihrem verifizierten Instagram-Kanal @pamela_rf folgen mehr als vier Millionen Menschen (Stand September 2019). Auch sie wurde vom Verband Sozialer Wettbewerb abgemahnt – und hat in der Folge vor dem Landgericht Karlsruhe eine Niederlage einstecken müssen: In einer Mitteilung des Gerichts wird die

Kennzeichnung für ausnahmslos alle Posts der Influencerin gefordert. „Keinesfalls wissen alle Follower den werblichen Charakter des Auftretens von Influencern einzuschätzen." (Landgericht Karlsruhe 2019)

In einem Instagram-Post kündigt sie nach der Urteilsverkündung an, in Berufung zu gehen, denn sie sieht sich nach wie vor im Recht. Außerdem ist das Problem an sich nicht damit aus der Welt geräumt, einfach alles zu kennzeichnen: „[...] wenn ich etwas als Werbung kennzeichne, ohne eine Kooperation mit der markierten Firma zu haben, verstoße ich ebenfalls gegen das Gesetz und könnte von dem Unternehmen abgemahnt werden." (Reif, 2019)

April 2019: Cathy Hummels, LG München, Az. 4 HK O 14312/18

Nur einen Monat nach dem Reif-Urteil verabschiedete das Landesgericht München ein genau gegenteiliges Urteil im Fall Cathy Hummels. Die Ehefrau des Fußballprofis Mats Hummels wurde ebenfalls vom Verband Sozialer Wettbewerb abgemahnt. In ihrem Fall entschied das Gericht, dass der Account an sich bereits für jeden „noch so uninformierten Betrachter" (Az. 4 HK O 14312/18) als kommerziell gekennzeichnet sei, denn: Es handelt sich um ein öffentliches Profil, das jedem frei zugänglich ist.

Cathy Hummels verfügt über eine große Followerzahl, die längst nicht mehr als Freundeskreis zählen kann (mehr als 500.000 Follower, Stand September 2019). Ihr Profil trägt den blauen Haken, mit dem Instagram die Accounts von öffentlichen Personen bzw. Prominenten verifiziert.

Die Richterin verglich Hummels Profil mit Online-Medien wie Brigitte Online oder XYZ: „Frauenzeitschriften kennzeichnen ihre (im online-Bereich ebenfalls mit Verlinkungen versehenen) Empfehlungen nur dann als Anzeige, wenn sie von dem Unternehmen beauftragt und bezahlt wurden. Nichts anderes kann für Influencer gelten, die neue Medien nutzen, und sich darin selbst vermarkten, wodurch z.B. Interviews, an denen früher die traditionellen Medien in ihrem redaktionellen Teil mit verdient haben, teilweise hinfällig geworden sind." (Az. 4 HK O 14312/18)

Wie Vreni Frost ziehen viele Blogger, YouTuber und Instagrammer deshalb die Konsequenz, alle Inhalte als Werbung zu kennzeichnen, die in irgendeiner Form eine Marke erwähnen oder verlinken – selbst wenn gar keine bezahlte Kooperation zwischen den beiden Parteien besteht oder diese niemals Kontakt hatten. Hierfür haben sich Formulierungen eingebürgert, wie zum Beispiel „Werbung, weil Markennennung". Für mehr Transparenz sorgt dieses Verhalten allerdings auch nicht, denn für den Nutzer ist nun noch weniger erkenntlich, welche Empfehlung der Influencer ausspricht, weil er dafür bezahlt wird und welcher Tipp privater Natur ist. Außerdem ist diese Notlösung ebenfalls nicht unproblematisch. Linda Kimkeit fragt in ihrem Beitrag zum Trendreport 2019: „Ob man im kommenden Jahr dann verklagt wird, weil man etwas als Werbung gekennzeichnet hat, obwohl es keine war?" (Klimkeit 2018, S. 25) Nun ist die erste Reaktion auf diese sarkastisch anmutende Frage vielleicht ein Lächeln und Kopfschütteln. Angesichts der abmahnfreudigen Verbände steckt aber doch mehr dahinter als nur Galgenhumor. Laut FAZ hat das Bundesjustizministerium im Juni 2019 angekündigt, an einem Abmahnschutz für Influencer arbeiten zu wollen, um diese Unsicherheit einzugrenzen und tatsächlich eine gesetzliche Grundlage zu schaffen (vgl. Wieduwilt 2019).

Ab wann sind die Inhalte von Influencern Werbung?

Trotz der undurchsichtigen Rechtslage wollen wir versuchen, eine Empfehlung für die Kennzeichnung abzuleiten: Grundsätzlich ist eine Kennzeichnung zwingend notwendig, wenn eine der folgenden Fragen mit ‚Ja' beantwortet werden muss:

- Wurde ein (monetäres oder materielles) Entgelt gezahlt?
- Liegen vertragliche Anweisungen über die Art des Posts vor?
- Ist die Bewertung übermäßig positiv?
- Wird das Produkt im Beitrag deutlich beworben? (mit Verlinkungen, werblicher Sprache etc.)
- Ist der Influencer selbst der (Mit-)Eigentümer des beworbenen Gegenstandes?

Wenn man sich die Gerichtsurteile genauer anschaut, wird außerdem immer wieder auf die Reichweite des Influencers hingewiesen. Bei einer sechsstelligen oder gar siebenstelligen Followerzahl könnte man laut Gericht davon ausgehen, dass der Kanal grundsätzlich kommerziell ausgelegt ist.

Eine Standard-Kennzeichnung für werbliche Inhalte gilt übrigens auch für die Vorschau eines Beitrags oder einen kurzen Teaser. Außerdem sollte der Hinweis immer zu Beginn eines Textes, Videos oder Postings zu finden sein, da man nie sicher sein kann, ob ein Nutzer den Beitrag bis zum Ende verfolgt.

Nach den Richtlinien der Landesmedienanstalten gelten für die fünf differenzierten Szenarien daher die Grundsätze wie sie in der Infografik dargestellt sind:

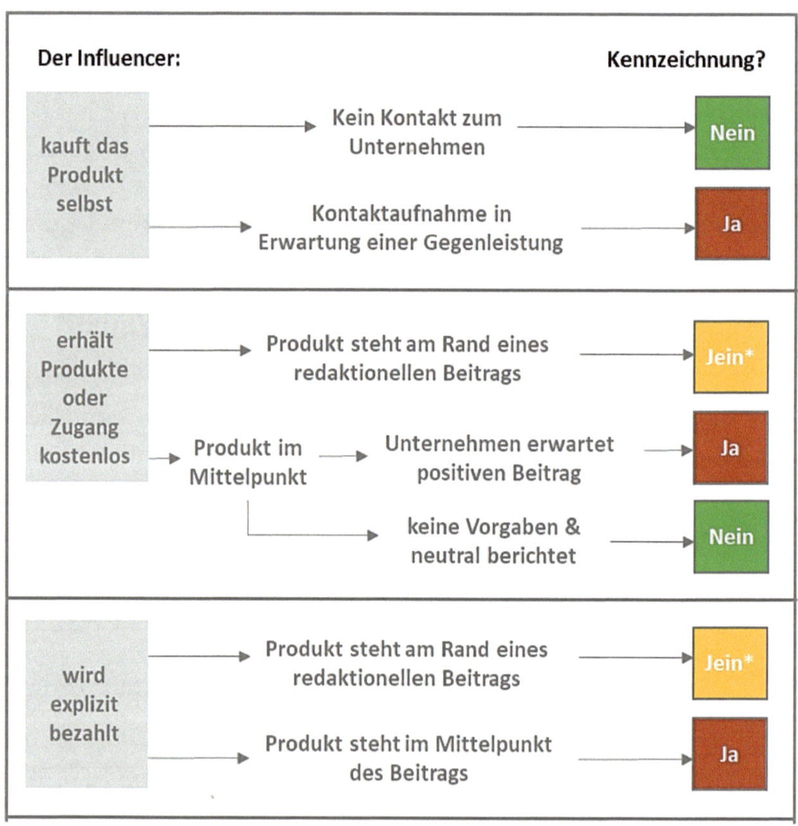

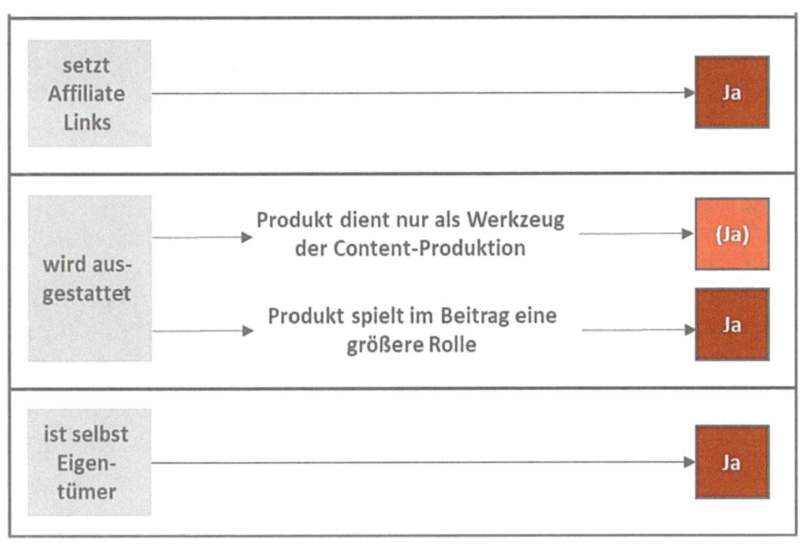

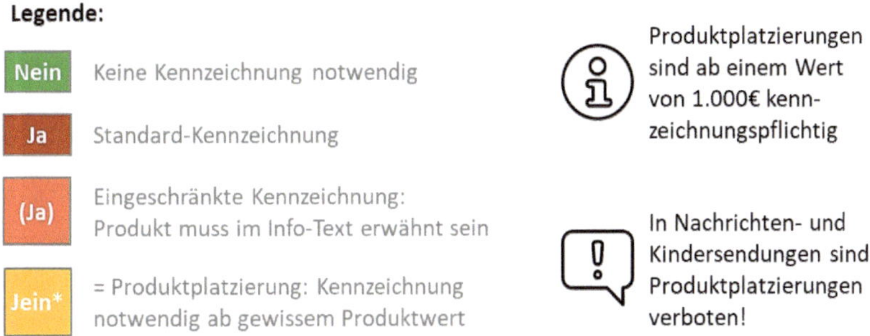

Abbildung 54: Kriterien für die Kennzeichnung

In vielen Fällen bewegt sich die Branche also in einer juristischen Grauzone, vor allem wenn es um die sogenannte Produktplatzierung geht. Diese sind besonders kritisch, wenn sich die Beiträge in irgendeiner Form (auch) an Minderjährige wenden. Tatsächlich steigen die Anforderungen an die Kenntlichmachung von Werbung, wenn sich diese (auch) an Kinder richtet (§ 3 UWG). Die Werbung darf in keinem Fall auffordern, das Produkt zu kaufen. Ob YouTube-Videos rechtlich wie Kindersendungen eingestuft werden, ist bisher nicht entschieden.

Die hier dargestellten Empfehlungen wollen einen Überblick über die Problematik geben, entsprechen also **keiner Rechtsberatung** und garantieren nicht die Straffreiheit. Es empfiehlt sich immer, einen juristischen Rat für die individuelle Situation einzuholen.

Der folgende Post kann als Beispiel für eine gelungene Kennzeichnung der Werbe-Kooperation gelten. Er nutzt sowohl die Funktion „bezahlte Partnerschaft mit“ der Plattform Instagram, als auch einen deutlichen Hinweis im Text „(Werbung)“, der genau wie die Markenhashtags prominent platziert ist. Die sichtbaren Kommentare zeigen auch, dass es die Community nicht stört, auf die Werbung hingewiesen zu werden.

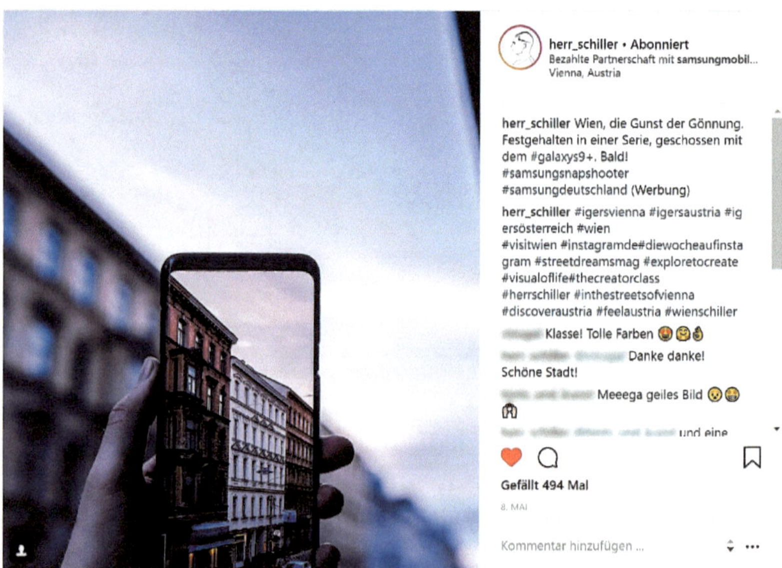

Abbildung 55: Beispiel zur gelungenen Kennzeichnung einer Kooperation von @herr_schiller (Renner 2018)

Die Diskussionen um die rechtliche Grundlage des Influencer Marketings veranlassen auch die betroffenen Plattformen dazu, sich mit dem Thema Kennzeichnung auseinanderzusetzen und Möglichkeiten zur einheitlichen Kennzeichnung zu schaffen. Auf Instagram kann zum Beispiel die Markierung ‚Bezahlte Partnerschaft mit [Geschäftspartner]' im Header eines Beitrags ergänzt werden.

Das sagt der Experte

Nick Akinci ist Partner der Kanzlei Heidrich Rechtsanwälte aus Hannover und schwerpunktmäßig im Bereich des IT- und Datenschutzrechts tätig.

Die Rechtsprechung der letzten Monate hat eher Verwirrung statt Klarheit gebraucht, die Urteile wiedersprechen sich teilweise. Was würden Sie Influencern aktuell raten, wie und wann sie Beiträge kennzeichnen sollen?

Die eine „richtige" Handlungsempfehlung wird derzeit leider niemand geben können. Da es bisher an gesetzlichen Regelungen fehlt, die die Besonderheiten des Influencer-Marketings berücksichtigen, sind wir bei der Rechtsfindung auf die obergerichtliche Rechtsprechung angewiesen. Die bisher zu diesem Thema erlassenen Urteile lassen jedoch leider keine klare Linie erkennen. Mit dieser Rechtsunsicherheit haben nicht nur die davon betroffenen Influencer, sondern auch die in diesem Bereich tätigen Juristen zu kämpfen.

Relativ unstreitig dürfte – auch nach dem Cathy Hummels-Urteil – sein, dass Postings, die Produkte enthalten, immer dann als Werbung gekennzeichnet werden müssen, wenn der Influencer eine Gegenleistung für die Bewerbung des Produkts erhält. Ebenso sollte eine Kennzeichnung erfolgen, wenn Produkte dem Influencer zwar kostenlos zur Verfügung gestellt wurden, die Verwendung in einem Video oder Posting jedoch an Bedingungen geknüpft wird.

Die derzeit schwierigste Konstellation dürfte die sein, dass ein Influencer Produkte selbst erworben hat und diese, ohne Kontakt mit dem Hersteller gehabt zu haben, in einem Posting zeigt. Meiner persönlichen Auffassung nach, sollte diese Art von Beiträgen nicht als Werbung gekennzeichnet werden, wenn die Produkte aus eigener Motivation heraus „zur Schau gestellt" werden. Würde man hier von einer Kennzeichnungspflicht ausgehen, so wäre aus meiner Sicht für den Zuschauer/ Nutzer erst recht nicht mehr erkennbar, wann es sich um „echte" Werbung handelt und wann nicht.

Einen guten Anhaltspunkt, wann ein Beitrag als Werbung gekennzeichnet werden sollte, bietet auch der von den Medienanstalten veröffentlichte Leitfaden zur „Werbekennzeichnung bei Social Media-Angeboten" (vgl. medienanstalten 2018).

Kann ich als Influencer vom Unternehmen abgemahnt werden, wenn ich (um sicherzugehen) Inhalte als Werbung kennzeichne, obwohl keine Kooperation vorliegt?

Auch das ist eine schwierig zu beantwortende Frage, zumal es auch zu dieser Problematik noch keine einheitliche Rechtsprechung gibt. Ich halte es jedenfalls für möglich, dass in bestimmten Konstellationen Unternehmen gegen solche Postings vorgehen werden. Dann müssten aber meiner Auffassung nach weitere Umstände hinzutreten. Z.B. könnte man über einen Unterlassungsanspruch nachdenken, wenn der Influencer das Produkt besonders positiv oder sogar in reißerischer Weise darstellt, sodass der Eindruck entsteht, der Hersteller habe „seine Finger im Spiel". Wenn der Hersteller die Darstellung dann ggf. als geschäftsschädigend empfindet, weil er die Darstellung oder den Influencer nicht mit seinem Produkt assoziiert wissen will, so wäre ein Vorgehen nicht unwahrscheinlich. Wem ein Gericht in einem solchen Fall Recht geben würde, ist schwer einzuschätzen.

Wenn ich als Influencer eine solche außergerichtliche Abmahnung erhalte vom Verband Sozialer Wettbewerb, was sollte ich tun?

Wer eine Abmahnung erhält, sollte jedenfalls nie vorschnell handeln. Viele fühlen sich von dem Vorwurf einer Rechtsverletzung und der in der Abmahnung enthaltenen Fristsetzung stark unter Druck gesetzt – hier gilt es jedoch die Ruhe zu bewahren. In allen Fällen sollte der Rat eines spezialisierten Rechtsanwaltes eingeholt werden, da jeder Einzelfall anders ist und individuell geprüft werden muss.

Wer eine strafbewährte Unterlassungserklärung unterschreibt, verpflichtet sich für jedes zukünftige Zuwiderhandeln eine Vertragsstrafe zu zahlen. Das kann dann potenziell in der Zukunft teuer werden, auch wenn der Verstoß gegen die Unterlassungsverpflichtung „aus Versehen“ erfolgt. Besonders ärgerlich ist dies, wenn seitens des Abmahnenden gar kein Unterlassungsanspruch bestand.

Eine Unterlassungserklärung sollte, wenn es angezeigt ist, in der Regel nur in modifizierter Form abgegeben werden. Vor der Abgabe sollte dann genau geprüft werden, ob der beanstandete Beitrag oder ähnliche Postings vorhanden sind und diese entsprechend angepasst werden.

Was halten Sie von den Plänen des Bundesjustizministeriums für einen „Abmahnschutz für Influencer“?

Ich finde es eine gute Idee, da klare gesetzliche Regelungen, die die Besonderheiten des Influencer-Marketings berücksichtigten, bisher fehlen. Allein die derzeit herrschende Rechtsunsicherheit zeigt, dass spezielle Regelungen fehlen.

Was könnte der Diskussion ein Ende setzen?

Ein Urteil des Bundesgerichtshofes zu diesem Thema wäre sicherlich wünschenswert. Ein einzelnes Urteil wird jedoch selten umfassende Rechtssicherheit herstellen, weil sich das Gericht in der Regel ausschließlich auf die spezielle Fallkonstellation konzentriert. Besser wäre es daher, wenn sich der

Gesetzgeber dieser Problematik widmet und entsprechende Regelungen speziell für das Influencer-Marketing schafft. Doch wird auch ein Gesetz im Zweifel nicht jeden denkbaren Einzelfall abdecken können.

Wenn es tatsächlich eine neue Rechtsprechung geben sollte – muss ich als Influencer alte Posts anpassen?

Grundsätzlich: Ja. Zumindest wenn sich durch gefestigte höchstrichterliche Rechtsprechung eine bestimmte Rechtslage ergibt, sollten auch alte Beiträge entsprechend angepasst werden, um Probleme zu vermeiden.

8 Lektüre-Tipps

Bücher

- „Influencer Marketing. Who really Influences your Customers?" von Duncan Brown und Nick Hayes.
- „The tipping point. How little things can make a big difference" von Malcolm Gladwell.
- „Connected marketing. The viral, buzz and word of mouth revolution" von Justin Kirby und Paul Marsden.
- „Influencer Marketing for Dummies" von Kristy Sammis et al.
- „Influencer Marketing. Strategie, Konzept, Umsetzung, Chancen, Potenziale, Risiken" von Erwin Lammenett

Links

- „The Rise of Influencer Marketing. Infographic" von Ifran Ahmad
  http://www.socialmediatoday.com/social-business/rise-influencer-marketing-infographic
- „Influencer Marketing wie man es nicht betreibt" von Thomas Knüwer.
  http://www.indiskretionehrensache.de/2016/10/influencer-marketing-axel-springer/
- „Die Social Media Nutzung der Generation Z" von Jan Firsching. http://www.futurebiz.de/artikel/Social-Media-Nutzungen-z-2017/ (05.06.2017).

Reports

- „The State of Influencer Marketing 2018" von Linqia.
  http://www.linqia.com/wp-content/uploads/2017/12/Linqia-The-State-of-Influencer-Marketing-2018.pdf

- Leitfaden der medienanstalten zur Werbekennzeichnung bei Social-Media-Angeboten: https://www.die-medienanstalten.de/fileadmin/user_upload/Rechtsgrundlagen/Richtlinien_Leitfaeden/Leitfaden_Medienanstalten_Werbekennzeichnung_Social_Media.pdf
- „Influence 2.0. The Future of Influencer Marketing 2017“ von Brian Solis. Download unter: http://www.influencermarketingreport.com/
- Digitale Trends. Umfrage zum Umgang mit Influencern: https://www.bvdw.org/fileadmin/user_upload/190404_IM_Studie_BVDW_2019.pdf
- Influencer Marketing Trendreport 2019 (Reachbird Solutions UG)

Podcasts

- HORIZONT: Warum sich Vreni Frost aus dem Influencer-Geschäft verabschieden will
- Get Reach Or Die Tryin' (Agentur SchillerHof) https://www.agentur-schillerhof.com/blog

Literatur

Ahmad, Irfan (2017): The Rise of Influencer Marketing. Infographic, http://www.socialmediatoday.com/social-business/rise-influencer-marketing-infographic (20.08.2017).

Allard, Stéphane (2010): Myths and promises of buzz marketing, in: Kirby/Marsden (Hrsg.), Connected marketing, Amsterdam: Butterworth-Heinemann 2010, S. 197–207.

App, Ulrike (2019): Das sagt das Gericht zur Vreni-Frost-Entscheidung, https://www.wuv.de/marketing/das_sagt_das_ Gericht_ zur_vreni_frost_entscheidung (15.09.2019).

Bahr, Charles (2018): Influencer Marketing-Trends 2019, in: Reachbird Solutions UG (Hrsg.), Influencer Marketing Trendreport 2019, München 2018, S. 5–6.

Baier, Jan (2017): Wann wird Influencer-Marketing zu Schleichwerbung? https://www.wuv.de/specials/influencer_marketing/ wann_wird_influencer_marketing_zu_schleichwerbung (05.06.2017).

Battle, Ariana/Grell, Khalil (2019): Apposphere: How the Apps You Use Impact Your Daily Life and Emotions, https://forbusiness.snapchat.com/blog/apposphere-how-the-apps-you-use-impact-your-daily-life-and-emotions (20.10.2019.

Becker, André (2018): Influencer Marketing-Trends 2019, in: Reachbird Solutions UG (Hrsg.), Influencer Marketing Trendreport 2019, München 2018, S. 7.

Berliner Morgenpost (2019) Instagram-Paar will Geld für Reise. Heftige Kritik im Netz, https://www.morgenpost.de/vermischtes/ article226202383/Instagram-Paerchen-will-Spenden-fuer-Reise-Aussage-der-Influencer-sorgt-fuer-Entsetzen.html (01.09.2019).

Bohrer, Laura (2013): Word of Mouth-Marketing. Eine Analyse traditioneller und neuer Marketinginstrumente zur gezielten Beeinflussung der Word of Mouth-Kommunikation, Mannheim 2013.

Bonfadelli, Heinz; Jarren, Otfried; Siegert, Gabriele (2010): Einführung in die Publizistikwissenschaft, 3., überarbeitete Aufl., Stuttgart: UTB 2010.

Brecht, Katharina (2019): Influencer Marketing: DM schickt die Blogger-Boxen in die zweite Runde, https://www.horizont.net/marketing/nachrichten/Influencer-Marketing-DM-schickt-die-Blogger-Boxen-in-die-zweite-Runde-162738 (30.08.2019).

Brown, Duncan; Hayes, Nick (2015): Influencer Marketing. Who really Influences your Customers? London; New York: Routledge Taylor & Francis Group 2015.

Brown, Schyuler (2010): Buzz marketing, in: Kirby (Hrsg.), Connected marketing, Amsterdam: Butterworth-Heinemann 2010, S. 208–231.

Bundesverband Digitale Wirtschaft e.V. (2018): Umfrage zur Nutzung von Influencer Marketing, https://www.bvdw.org/fileadmin/user_upload/BVDW_Umfrage_Influencer_Marketing_112018.pdf (23.08.2019).

Bundesverband Digitale Wirtschaft e.V. (2019): Digital Trends. Umfrage zum Umgang mit Influencern, https://www.bvdw.org/fileadmin/user_upload/190404_IM_Studie_BVDW_2019.pdf (18.08.2019).

Burcher, Nick (2012): Paid, Owned, Earned. Maximising Marketing Returns in a Socially Connected World, London: Kogan Page 2012.

Cakim, Idil (2010): Online opinion leaders, in: Kirby/Marsden (Hrsg.), Connected marketing, Amsterdam: Butterworth-Heinemann 2010, S. 107–118.

Campillo-Lundbeck, Santiago (2017): Influencer Marketing: So reagiert Rossmann auf das Schleichwerbe-Urteil von Celle, https://www.horizont.net/marketing/nachrichten/Influencer-

Marketing-So-reagiert-Rossmann-auf-das-Schleichwerbe-Urteil-von-Celle-160673 (01.09.2017).

Carp, Thea (2019) How to connect with the Deciders, https://business.pinterest.com/en/blog/how-to-connect-with-the-deciders (13.10.2019).

Ceccato, Dino (2018): Influencer Marketing-Trends 2019, in: Reachbird Solutions UG (Hrsg.), Influencer Marketing Trendreport 2019, München 2018, S. 8–11.

Chen, Yuyu (2016): The state of influencer marketing in 5 charts, https://digiday.com/marketing/state-influencer-marketing-5-charts/ (26.05.2017).

Chen, Yuyu (2017): The state of influencer marketing, https://digiday.com/marketing/marketer-cheatsheet-state-influencer-marketing/ (15.06.2017).

China Channel (2017): Fashion Blogger Sells 100 Cars On WeChat In 5 Minutes - China Channel, https://chinachannel.co/cars-sold-wechat-fashion-blogger/ (02.10.2017).

Cialdini, Robert (2017): Die Psychologie des Überzeugens. Wie Sie sich selbst und Ihren Mitmenschen auf die Schliche kommen. 8. unv. Aufl.. Göttingen: Hofgrefe AG 2017

Connolly, Bill (2018): Why Consumers Follow, Listen to, and Trust Influencers, http://www.olapic.com/resources/consumers-follow-listen -trust-influencers_article/ (20.07.2018)

Constine, Josh (2019): Now Facebook says it may remove Like counts – TechCrunch, https://techcrunch.com/2019/09/02/facebook-hidden-likes/ (20.10.2019).

Cooper, Brant; Vlaskovits, Patrick (2013): The Lean Entrepreneur. How Visionaries Create Products, Innovate with New Ventures, and Disrupt Markets, 1. Aufl., Hoboken, NJ: John Wiley & Sons Inc 2013.

Deges, Frank (2019): Definition: Influencer-Marketing, https://wirtschaftslexikon.gabler.de/definition/influencer-marketing-100361/version-340186 (19.08.2019).

Deichmann (2019): #Spread the look-Kampagne, in: Couch 2019, Nr.5, S. 10–11.

Deichmann Corporate Website (2018): Next Step: Deichmann baut Influencer Community auf, https://corpsite.deichmann.com/de/blog/pressetexte/next-step-deichmann-baut-influencer-community-auf/ (31.07.2018)

Dorner, Florian (2016): Advertorials versus klassische Printwerbung, Wiesbaden: Springer Gabler 2016.

ebay Kleinanzeigen-WG (2019): YouTube Channel, https://www.youtube.com/user/eBayKleinanzeigen/featured (31.08.2019)

Eisenbrand, Roland (2019): Diese Instagrammer posten gefakte Werbung, um sich als Influencer darzustellen, https://omr.com/de/ instagram-influencer-fake-werbung-sponsored-content/ (01.09.2019).

El-Qudsi, Ismael (2019): How do Micro-Influencers View Brand Partnerships?, https://www.socialmediatoday.com/news/how-do-micro-influencers-view-brand-partnerships-report/546003/ (29.09.2019).

Firsching, Jan (2017a): Influencer Marketing für Unternehmen. White Paper, http://www.futurebiz.de/leitfaden-influencer-marketing/ (21.05.2017).

Firsching, Jan (2017b): Social Media Nutzung der Gen Z. YouTube ist das beliebteste soziale Netzwerk, http://www.futurebiz.de/artikel/Social-Media-Nutzung-gen-z-2017/ (05.06.2017).

Firsching, Jan (2019): Warum ein Instagram ohne Likes der richtige Ansatz sein könnte., http://www.futurebiz.de/artikel/instagram-ohne-likes/ (01.09.2019).

Flaig, Maximilian (2019): Influencer-Trend 2019. Produktentwickler statt Produkt-Promoter, https://www.wuv.de/marketing/influencer_ vom_promoter_zum_entwickler (30.08.2019).

Galileo Folge 178 (Staffel 2017): Ein Automat in Russland soll Instagram-Likes verkaufen. Fake oder wahr?, https://www.prosieben.de/tv/galileo/videos/2017178-ein-automat-in-russland-soll-instagram-likes-verkaufen-fake-oder-wahr-clip (03.09.2017).

Gerstenberg, Fabian; Gerstenberg, Cornelia (2017): Quick Guide Social Relations. PR-Arbeit mit Bloggern und anderen Multiplikatoren im Social Web, Wiesbaden, Springer Fachmedien Wiesbaden 2017.

Giese, Dietmar (2019): Influencer Marketing und Messenger Marketing wachsen zusammen, https://onlinemarketing.de/news/influencer-marketing-messenger-marketing-wachsen-zusammen (18.08.2019).

Gladwell, Malcolm (2001): The tipping point. How little things can make a big difference, London: Abacus 2001.

Gondorf, Linda (2019): Mit der Milka auf dem Klo. Nutzer veralbern fragwürdige Instagram-Kampagne der Schokoladen-Marke, https://meedia.de/2018/01/29/mit-der-milka-auf-dem-klo-nutzer-veralbern-fragwuerdige-instagram-kampagne-der-schokoladen-marke/ (01.09.2019).

Gontek, Florian (2018): Influencer: Experten sehen Ende des Hypes, https://www.spiegel.de/wirtschaft/unternehmen/influencer-experten-sehen-ende-des-hypes-a-1240430.html (18.08.2019).

Goodkind, Graham (2010): Buzzworthy PR, in: Kirby/Marsden (Hrsg.), Connected marketing, Amsterdam: Butterworth-Heinemann 2010, S. 71–86.

Gough, Christina (2019): Distribution of Twitch users worldwide as of 2017, by gender, https://www.statista.com/statistics/633937/twitch-user-gender-worldwide/ (20.10.2019).

Grabs, Anne; Sudhoff, Jan (2014): Empfehlungsmarketing im Social Web. Kunden gewinnen und Kunden binden, 1. Aufl., Bonn: Galileo Press 2014.

Gründel, Verena (2017): Dm-Haul zum Kaufen. Das ist in der neuen dm-Blogger-Box, https://www.wuv.de/marketing/unbox ing_ influencer_packen_bloggerboxen_fuer_dm (30.08.2019).

Gründel, Verena (2017): Foodblogger kreieren Brot-Aufstriche für Born Feinkost, https://www.wuv.de/marketing/foodblogger_ kreieren_brot_aufstriche_fuer_born_feinkost (30.08.2019).

Halfmann, Marion (2018): Marketing-Controlling, Wiesbaden: Springer Gabler 2018.

Hergert, Paol (2019): Geheimer Test oder Bug? Einige deutsche Instagram-User sehen keine Likes mehr, https://www.business insider.de/instagram-ohne-likes-instagram-bringt-das-feature-nach-deutschland-facebook-2019-8-2 (01.09.2019).

Herrmann, Tanja (2018): Influencer Marketing-Trends 2019, in: Reachbird Solutions UG (Hrsg.), Influencer Marketing Trendreport 2019, München 2018, S. 12–16.

Hiller, Kathleen S. (2019): MedienVielfaltsMonitor 2. Halbjahr 2018. Anteile der Medienangebote und Medienkonzerne am Meinungsmarkt der Medien in Deutschland, https://www.blm.de /files/pdf2/medienvielfaltsmonitor_2_halbjahr-2018.pdf (18.08. 2019).

Hof, Pascal (2018): Influencer Marketing-Trends 2019, in: Reachbird Solutions UG (Hrsg.), Influencer Marketing Trendreport 2019, München 2018, S. 17–21.

Hoffmann, Johanna (2019): Akustische Influencer. Wie Advertiser vom Podcast-Trend profitieren können, https:// onlinemarketing.de/news/akustische-influencer-advertiser-pod cast-trend-profitieren (29.09.2019).

Holz, Gesa (2018): Lasst euch nicht verarschen. Diese fiesen Tricks benutzen Influencer, https://www.stern.de/neon/wilde-welt/gesellschaft/instagram--lasst-euch-nicht-verarschen---die-fiesen-tricks-der-influencer--8114642.html (01.09.2019).

Howe, Jeff (2009): Crowdsourcing. Why the power of the crowd is driving the future of business. 1st paperback ed. New York: Three Rivers Press.

Iqbal, Mansoor (2019): Twitch Revenue and Usage Statistics (2019), https://www.businessofapps.com/data/twitch-statistics/#1 (13.10.2019).

Juhn, Clea-Lacy (2017): Sobald der Sommer da ist, bekomme ich Mut zur Farbe!, https://www.instagram.com/p/BVZZC9Ug6sC/?utm_source =ig_embed&utm_campaign=embed_loading_state_control (02.08.2018)

Kasper, Susanne (2016): Djure Meinen im Interview über Blogger Relations, https://clever-bloggen.de/djure-meinen-blogger-relations/ (20.08.2017)

Kemp, Simon (2019): Digital 2019: Global Digital Overview, https://datareportal.com/reports/digital-2019-global-digital-overview (13.10.2019).

Kilian, Karsten (2017): Influencer Marketing.Markenerfolg mit reichweitenstarken prominenten Testimonials, in: transfer Werbeforschung & Praxis 2017, S. 60–66.

Kirby, Justin (2010a): Conclusion, in: Kirby/Marsden (Hrsg.), Connected marketing, Amsterdam: Butterworth-Heinemann 2010, S. 267–274.

Kirby, Justin; Marsden, Paul (Hrsg.) (2010): Connected marketing. The viral, buzz and word of mouth revolution, Amsterdam: Butterworth-Heinemann 2010.

Klein, Sachar (2017): Influencer: So teuer ist eine „Kooperation" auf Instagram und Youtube, https://sacharklein.de/2017/01/30/influencer-so-teuer-sind-sie-auf-instagram-und-youtube/?xing_share=news (20.05.2017).

Kleinz, Torsten (2019): Jetzt kommt der Alle-Medien-Staatsvertrag, https://www.spiegel.de/netzwelt/netzpolitik/medienstaatsvertrag-fuer-youtube-und-co-die-geplanten-aenderungen-a-1292530.html (25.10.2019)

Klimkeit, Linda (2018): Influencer Marketing-Trends 2019, in: Reachbird Solutions UG (Hrsg.), Influencer Marketing Trendreport 2019, München 2018, S. 22–27.

Knüwer, Thomas (2017): Instagram-Influencer. Die Blasenbildung, die allen schadet, http://www.indiskretionehrensache.de/2017/06/instagram-influencer-marketing/ (21.08.2017).

Koch, Thomas (2019): Werbesprech: Influencer-Marketing steckt in der Krise, https://www.wiwo.de/unternehmen/dienstleister/werbesprech-influencer-marketing-steckt-in-der-krise/24486090.html (18.08.2019).

Krösmann, Christoph; Nietan, Marie Anne (2019): YouTuber sind die Stars der Generation Z, https://www.bitkom.org/Presse/Presse-information/YouTuber-sind-die-Stars-der-Generation-Z (30.08.2019).

Lammenett, Erwin (Hrsg.) (2019): Influencer Marketing. Strategie, Konzept, Umsetzung, Chancen, Potenziale, Risiken, 3. Aufl., Lammenett [Selbstverlag] 2019.

Landgericht Karlsruhe (2019): Pressemitteilung 03/19 Soziale Medien. Verbot von Schleichwerbung durch „Taggen" von Fotos ohne Werbekennzeichnung, https://landgericht-karlsruhe.justiz-bw.de/pb/,Lde/Startseite/Aktuelles/03_19+Soziale+Medien_+Verbot+von+Schleichwerbung+durch+_Taggen_+von+Fotos+ohne+Werbekennzeichnung/?LISTPAGE=1160343 (15.09.2019).

Lang, Bianca (2017): Die Daur-Werbesendung, http://www.manager-magazin.de/unternehmen/karriere/caro-daur-die-instagram-influencerin-im-interview-a-1155194.html (11.07.2017).

LinkedIn Hilfe (2018): LinkedIn Influencer, https://www.linkedin.com/help/linkedin/answer/49650 (13.10.2019).

Linqia (2018): The State of Influencer Marketing 2018, http://www.linqia.com/wp-content/uploads/2017/12/Linqia-The-State-of-Influencer-Marketing-2018.pdf (10.06.2018)

Lis, Bettina; Korchmar, Simon (2013): Digitales Empfehlungsmarketing. Konzeption, Theorien und Determinanten zur Glaubwürdigkeit des Electronic Word of Mouth (EWOM), Wiesbaden: Springer Fachmedien Wiesbaden 2013.

Luzak, Bartłomiej (2019): Kim są polscy użytkownicy TikTok?, https://yt360.pl/tiktok-w-polsce/ (13.10.2019).

Marsden, Paul (2010b): Seed to spread, in: Kirby/ Marsden (Hrsg.), Connected marketing, Amsterdam: Butterworth-Heinemann 2010, S. 3–23.

Mattgey, Annette (2017): Influencer-Marketing: Schluss mit der Unprofessionalität, https://www.wuv.de/digital/influencer_marketing_schluss_mit_der_unprofessionalitaet (20.08.2017).

medienanstalten, die (2017): Antworten auf Werbefragen in sozialen Medien. FAQ Flyer 2017, zum Download unter: https://www.kjm-online.de/fileadmin/user_upload/kek/Service/Pressemitteilungen/Dokumente/FAQ-Flyer_Werbung_Social_Media_02.pdf (28.09.2017)

medienanstalten, die (2018): Werbekennzeichnung bei Social-Media-Angeboten. Leitfaden der Medienanstalten 2018.

Mierau, Casper Clemens (2017): Coral liebt Deine Kleidung. Und wir lieben die peinlichste Instagram-Kampagne des Jahres https://www.leitmedium.de/2017/07/14/coral-liebt-deine-kleidung-und-wir-lieben-die-peinlichste-instagram-kampagne-des-jahres/ (02.10.2017)

Möller, Michael (2011): Online-Kommunikationsverhalten von Multiplikatoren. Persönlichkeitsspezifische Analyse und Steigerung des Innovationsinput über User Generated Content, 1. Aufl., Wiesbaden: Gabler Verlag / Springer Fachmedien Wiesbaden GmbH Wiesbaden 2011.

Mourdoukoutas, Panos; Siomkos, George J. (2010): The seven principles of WOM and Buzz marketing.Crossing the tipping point, 2009. Aufl., Berlin: Springer Verlag 2010.

MuchNeeded (2019): Twitch by the Numbers.Stats, Users, Demographics & Fun Facts, https://muchneeded.com/twitch-statistics/ (13.10.2019).

Müller, Fabian (2017): Balea-Wahltag.DM macht die User via Facebook Live zu Produktdesignern, https://www.horizont.net/marketing/nachrichten/Balea-Wahltag-DM-macht-die-User-via-Facebook-Live-zu-Produktdesignern-161317 (30.08.2019).

Müller, Christa Catharina (2017): ‚Manager Magazin' zerlegt Caro Daur im Interview, https://www.wuv.de/digital/lesetipp_manager_magazin_knoepft_sich_influencerin_vor (11.07. 2017).

NEON-Redaktion (2018): Peinliche Milka-Kampagne.So albern kann Werbung für Schokolade sein, https://www.stern.de/neon/vorankommen/das-ging-daneben--milka-und-die-peinliche-instagram-kampagne-7842438.html (01.09.2019).

nuwena GmbH (2019): bilou Produktseite, https://www.bilou.de/produkte/duschschaum/ (30.08.2019).

Nyilasy, Greg (2010): Word of mouth, in: Kirby/Marsden (Hrsg.), Connected marketing, Amsterdam: Butterworth-Heinemann 2010, S. 161–184.

Oriola, Steve (2019): How Is Influencer Marketing Changing?, https://www.forbes.com/sites/quora/2019/08/08/how-is-influencer-marketing-changing/?xing_share=news#6c031da04cec (24.08.2019).

Pier, Thomas (2019): Unnötige Hindernisse beim Blog-Marketing: ein Agentur-Rant, https://ww2.trusted-blogs.com/hindernisse-blog-marketing-agentur-rant/ (25.08.2019).

PricewaterhouseCoopers (2016): Umfrage zur Nutzung von Social Media durch Online-Käufer in Deutschland 2014, https://de.statista.com/statistik/daten/studie/321158/umfrage/taegliche-nutzungsdauer-von-onlineaktivitaeten-in-deutschland/ (11.07.2017).

Priebe, Anton (2017): Influencer Marketing: Sind Influencer die neuen Werbeagenturen?, https://onlinemarketing.de/news/influencer-marketing-marken-agenturen-kreativarbeit (10.06. 2017).

Primus, Eileen (2016): Instagram killed the blog star, http://www.einzimmervollerbilder.com/2017/05/instagram-killed-blog-star/ (15.06.2017).

Rabe, Lena (2019): Anteil der befragten Internetnutzer, die Blogs nutzen, nach Altersgruppen in Deutschland im Jahr 2017, https://de.statista.com/statistik/daten/studie/691588/umfrage/anteil-der-nutzer-von-blogs-nach-alter-in-deutschland/ (20.10.2019)

Reif, Pamela (2019): Prozess gegen den Verein VSW. https://www.instagram.com/p/BvSBBqZl1w0/ (15.09.2019)

Renner, Constantin (2018): Wien, die Gunst der Gönnung, https://www.instagram.com/p/BihrjaXAFak/?taken-by=herr_schiller (08.08.2018)

Rentz, Ingo (2017): So einfach bekommen Fake-Accounts Werbeverträge, http://www.horizont.net/marketing/nachrichten/Influencer-Marketing-So-einfach-bekommen-Fake-Accounts-Werbevertraege-160256 (20.08.2017).

Rest, Jonas (2017a): #Ich bin käuflich. Warum das Geschäft „Typen von der Seriosität eines Zuhälters" anzieht. in: manager magazin Nr. 9/2017, S. 34.

Rest, Jonas (2017b): Rossmann für Schleichwerbung mit Instagram-Star verurteilt. Versteckte Kennzeichnung reicht nicht aus, http://www.manager-magazin.de/unternehmen/handel/rossmann-fuer-schleichwerbung-mit-instagram-star-verurteilt-a-1164434.html (01.09.2017).

Rezo (2019): Horst Seehofer ist kein drolliges Kleinkind. Eine Kolumne von Rezo, https://www.zeit.de/kultur/2019-10/gamer-debatte-gaming-horst-seehofer-rezo/seite-2 (25.10.2019)

Robak, Sonia (2016): Parasoziale Aktivitäten in Social-Media-Personae, in: Bertel/Himmelsbach/Krakovsky/Metzler/Möller Lara/Riedl (Hrsg.), Junge Perspektiven auf Partizipation in Geschichte und Gegenwart, Wien: danzig & unfried 2016, S. 60–95.

Rondinella, Giuseppe (2019a): HORIZONT Podcast: Warum sich Vreni Frost aus dem Influencer-Geschäft verabschieden will, https://www.horizont.net/marketing/nachrichten/horizont-podcast-warum-sich-vreni-frost-aus-dem-influencer-geschaeft-verabschieden-will-176030 (15.09.2019).

Rondinella, Giuseppe (2019b): Marken fordern Influencer zum Verstoß gegen Kennzeichnungs-Richtlinien auf, https://www.horizont.net/marketing/nachrichten/studie-marken-fordern-influencer-zum-verstoss-gegen-kennzeichnungs-richtlinien-auf-178550 (28.10.2019

Saal, Marco (2019): Prognose: Influencer Marketing wird 2019 eine halbe Milliarde Euro schwer, https://www.horizont.net/marketing/nachrichten/prognose-influencer-marketing-wird-2019-eine-halbe-milliarde-euro-schwer-172050 (18.08.2019).

Sammis, Kristy; Lincoln, Cat; Pomponi, Stefania; Ng, Jenny; Gassmann Rodriguez, Edita; Zhou, Judy (2016): Influencer marketing for dummies, Hoboken, NJ: John Wiley & Sons Inc 2016.

Schaftner, Sandra (2019): Abzocke oder Growth Hack? Diese Shops buhlen um Mikro-Influencer - und lassen sie dann bezahlen, https://omr.com/de/instagram-nano-micro-influencer-affiliate/ (01.09.2019).

Scheidtweiler, Nicolas (2018): Wikipedia irrt: Sind Multiplikatoren immer Influencer? Newsletter 02/2018, https://www.scheidtweiler-pr.de/wikipedia-irrt-was-influencer-als-multiplikatoren-besonders-macht-newsletter-02-2018/ (19.08.2019).

Schmidt, Thilo (2018): OMG! Ich liebe Spaziergänge im Regen mit meiner Milka-Tafel in der Hand!, https://www.instagram.com/p/Bek5nrBhwX0/?hl=de&tagged=milkaschmecktwie (02.08.2018)

Schmitz, Ann-Katrin (2019): Exkurs: Insights aus der Perspektive einer Influencer-Managerin, in: Lammenett (Hrsg.),

Influencer Marketing, Roetgen, [Charleston, SC]: Erwin Lammenett [Selbstverlag des Verfassers]; Create Space 2019, S. 171–178.

Schüller, Anne M. (2015): Das neue Empfehlungsmarketing. Durch Mund-zu-Mund-Propaganda und Weiterempfehlungen neue Kunden gewinnen, 2. Aufl., Göttingen: BusinessVillage 2015.

Schüller, Anne M.; Schwarz, Torsten (Hrsg.) (2010): Leitfaden WOM Marketing. Die neue Empfehlungsgesellschaft, Waghäusel: marketing-Börse 2010.

Schultz, Eva (2019): Zu welchem dieser Themen lesen Sie gerne Blogs? https://de.statista.com/statistik/daten/studie/458425/umfrage/um-frage-in-der-schweiz-zu-interessanten-themen-in-blogs/ (20.10.2019).

Schumacher, Florentin (2019): Von wegen Traumberuf. Macht das Influencer-Dasein krank?, https://www.faz.net/aktuell/stil/leib-seele/von-wegen-traumberuf-macht-das-influencer-dasein-krank-16035607.html (01.09.2019).

Schuyler, Brown (2010): Buzz marketing, in: Kirby/Marsden (Hrsg.), Connected marketing, Amsterdam: Butterworth-Heinemann 2010, S. 208–231.

Schwab, Irmela (2017): Marketing mit Influencern 2017. Die pure Reichweite verliert an Bedeutung, http://www.lead-digital.de/aktuell/social_media/marketing_mit_influencern_2017_die_pure_reichweite_verliert_an_bedeutung (20.05.2017).

Schwegler, Petra (2017): Unerlaubte Dauerwerbung. Medienwächter verdonnern Youtuber zu Bußgeld, https://www.wuv.de/digital/medienwaechter_verdonnern_youtuber_zu_bussgeld (15.06.2017).

Sharp, Evan (2018): Helping a quarter billion people find inspiration, https://newsroom.pinterest.com/en/post/helping-a-quarter-billion-people-find-inspiration (13.10.2019).

Solis, Brian (2017): Influence 2.0. The Future of Influencer Marketing 2017. Zum Download unter http://www.influencermarketingreport.com/ (07.06.2017)

Spredfast (2018): The 2018 Social Audience Guide, https://khoros.com/resources/social-media-demographics-guide (08.09.2019).

Stuttgarter Zeitung (2019): Instagram Channel, https://www.instagram.com/stuttgarterzeitung/?hl=de (29.09.2019)

Textbroker (2017): Paid, Owned und Earned Media. Content Marketing Glossar, https://www.textbroker.de/paid-media-owned-media-earned-media-0 (06.09.2017).

Theobald, Tim (2019): Was die Zuhörer an Podcasts begeistert, https://www.horizont.net/marketing/nachrichten/studie-was-die-zuhoerer-an-podcasts-begeistert-177944 (03.10.2019).

Theobald, Tim (2019): Youtube-Charts: Ebay Kleinanzeigen erobert mit Trennungsvideo den Thron zurück, https://www.horizont.net/marketing/charts/youtube-charts-ebay-kleinanzeigen-erobert-mit-trennungsvideo-den-thron-zurueck-176068 (25.08.2019).

Töpfer, Teja; Trapp, Francis et al. (2018): Inside Influencer. Die neuen Markenbotschafter und was sie bewegt, https://docplayer.org/72812204-Inside-influencer-die-neuen-markenbotschafter-und-was-sie-bewegt.html (19.08.2019)

Torres, Taylor (2019): Social Media Audience Guide – 2019 Edition, https://www.regexseo.com/resources/social-media-audience-guide-by-regex-seo.pdf (08.09.2019).

Tropp, Jörg (2014): Moderne Marketing-Kommunikation. System – Prozess – Management, 2. Aufl., Wiesbaden: Springer VS 2014.

Unilever (2018): Unilever calls on industry to increase trust, transparency and measurement in influencer marketing, https://www.unilever.com/news/press-releases/2018/unilever-calls-on-industry-to-increase-trust-transparency-and-measurement-in-influencer-marketing.html, (20.07.2018)

Vogelaar, Rijn (2011): Der Superpromoter. Umsatz und Reputation steigern mit begeisterten Kunden, 1. Aufl., Wiesbaden: Gabler Verlag / Springer Fachmedien Wiesbaden GmbH Wiesbaden 2011.

Veuve, Alain (2017): Influencer Marketing. Autsch., http://www.alainveuve.ch/influencer-marketing-autsch/ (04.07.2019).

Vorhaus, Julianna (2017): Instagram Influencer Rates, http://blog.influence.co/instagram-influencer-rates/ (15.06.2017).

Wangenheim, Florian von (2003): Weiterempfehlung und Kundenwert. Ein Ansatz zur persönlichen Kommunikation, Wiesbaden, Deutscher Universitätsverlag 2003.

We Are Social (2018): Active Users of Key Global Social Platforms, https://wearesocial-net.s3.amazonaws.com/wp-content/uploads/2018/01/DIGITAL-IN-2018-012-SOCIALMEDIA-PLATFORM-RANKING-V1.00.png (15.05.2018).

Webwise (2019): What is Tik Tok (formally musical.ly)?, https://www.webwise.ie/parents/explained-tiktok/ (13.10.2019).

Wegener, Claudia (2008): Parasoziale Interaktion, in: Sander/Gross/Hugger (Hrsg.), Handbuch Medienpädagogik, Wiesbaden: VS Verl. für Sozialwiss 2008, S. 294–296.

Wenzel, Björn (2017): Vom Hype zum Fixpunkt. Die Zukunft des Influencer Marketings, https://onlinemarketing.de/news/vom-hype-zum-fixpunkt-die-zukunft-des-influencer-marketings (20.05.2017).

Weinberg, Tamar (2014): Social Media Marketing – Strategien für Twitter, Facebook & Co. 4. komplett aktualisierte Aufl., Köln: O´Reilly Verlag 2014

Wieduwilt, Hendrik (2019): Regeln fürs Internet. Justizministerium will Abmahnschutz für Influencer, https://www.faz.net/aktuell/wirtschaft/diginomics/justizministerium-will-abmahnschutz-fuer-influencer-16233324.html (15.09.2019).

Winterbauer, Stefan (2014): Das unfreundliche Möbelhaus. IKEA mahnt IKEA-Bloggerin ab, https://meedia.de/2014/06/17/

die-dummheit-eines-weltkonzerns-ikea-mahnt-ikea-bloggerin-ab/ (25.08.2019).

World Federation of Advertisers (2018): Brands to invest more on influencers, https://www.wfanet.org/news-centre/multi-national-brands-focus-on-influencer-transparency/ (20.07.2018)

Yap, Jules (2014): Big changes coming to IKEAHackers, https://www.ikeahackers.net/2014/06/big-changes-coming-to-ikeahackers.html (24.08.2019).

YouTube Corporate Website (2018): YouTube in numbers, https://www.youtube.com/intl/en-GB/yt/about/press/ (30.07.2018)

YouTube-Hilfe (2019): YouTube-Partnerprogramm: Überblick, Checkliste für die Bewerbung und FAQ, https://support.google.com/youtube/answer/72851?hl=de (13.10.2019).

Zoll, Daniel (2018): Influencer Marketing-Trends 2019, in: Reachbird Solutions UG (Hrsg.), Influencer Marketing Trend-report 2019, München 2018, S. 49–52.

Gesetze

- Telemediengesetz (§ 6 Abs.1 Nr. 1)
- Rundfunkstaatsvertrag (§§ 7, 58)
- Gesetz gegen unlauteren Wettbewerb (§ 5 UWG & § 3 UWG)

Gerichtliche Urteile (chronologisch)

- Juni 2017: Oberlandesgericht Celle (Az. 13 U 53)
- September 2017: Landesgericht Hagen (Az. 23 O 30/17)
- Oktober 2017: Kammergericht Berlin (Az. 5 W 221/17)
- Januar 2019: Kammergericht Berlin (Az. 5 U 83/18)
- März 2019: Landgericht Karlsruhe (Az. 13 O 38/18 KfH)
- April 2019: Landgericht München I (Az. 4 HK O 14312/18)

Index